“互联网+”
行业深度落地系列

互联网+装修新模式

行业洗牌下传统装修的新风口

曾彬　杨景会　刘贺◎著

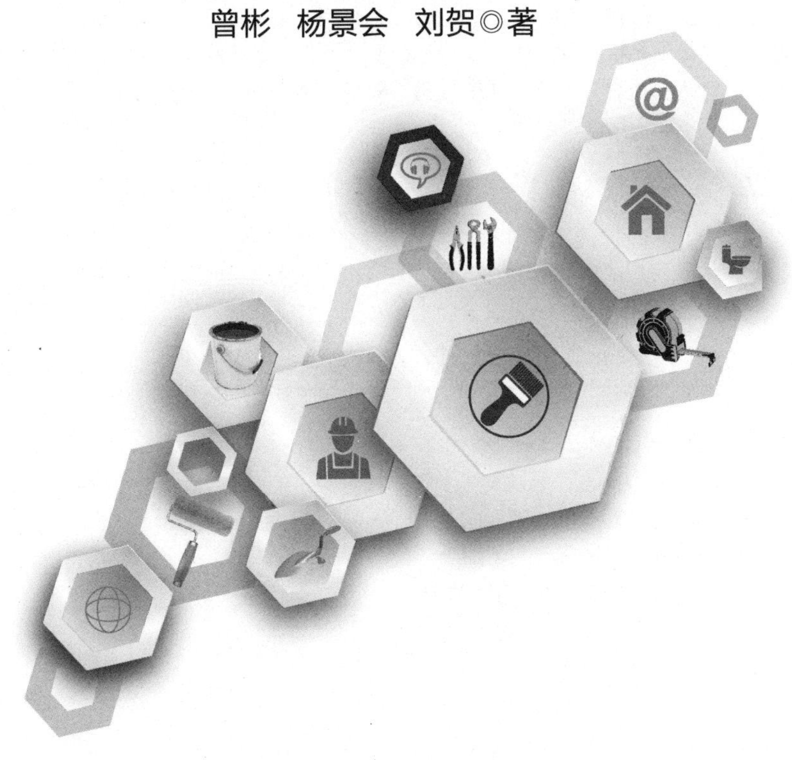

人民邮电出版社
北京

图书在版编目（CIP）数据

“互联网+装修”新模式 ：行业洗牌下传统装修的新风口 / 曾彬，杨景会，刘贺著. -- 北京 ：人民邮电出版社，2018.1
（“互联网+”行业深度落地系列）
ISBN 978-7-115-46681-5

Ⅰ. ①互… Ⅱ. ①曾… ②杨… ③刘… Ⅲ. ①互联网络—应用—住宅—室内装修—研究—中国 Ⅳ. ①TU767-39

中国版本图书馆CIP数据核字(2017)第193946号

内 容 提 要

本书从产业链重构、互联网公装、模式创新、家装 O2O、用户体验、品牌营销、管理战略等七大维度，对互联网家装进行全方位、立体的深入剖析，为装修从业者提供了一条行之有效的传统家装互联网化转型路径，本书适合装修行业创业者、传统装修企业和互联网家装平台从业者等，以及对装修行业发展趋势感兴趣的读者阅读。

◆ 著　　　曾　彬　杨景会　刘　贺
责任编辑　赵　娟
责任印制　彭志环
◆ 人民邮电出版社出版发行　　北京市丰台区成寿寺路 11 号
邮编　100164　　电子邮件　315@ptpress.com.cn
网址　http://www.ptpress.com.cn
北京鑫丰华彩印有限公司印刷
◆ 开本：700×1000　1/16
印张：12.25　　　2018 年 1 月第 1 版
字数：180 千字　　　2018 年 1 月北京第 1 次印刷

定价：49.80 元

读者服务热线：(010)81055488　印装质量热线：(010)81055316
反盗版热线：(010)81055315
广告经营许可证：京东工商广登字 20170147 号

前 言

在出行、团购、教育、金融、物流等诸多行业互联网化转型升级愈演愈烈之际，传统装修也开始走上了互联网化升级之路。与很多行业不同的是，互联网装修是一个模式颇重的行业，客单价相对较高，消费决策周期相对较长，对装修企业的线下服务实力提出了较高的挑战。

虽然传统装修转型的难度颇高，但作为即将迎来新一轮洗牌期的万亿元级市场，互联网巨头、投融资机构、传统装修公司、家居品牌商、房地产商、互联网装修平台等各家企业纷纷投入了巨大的热情。

传统装修转型与互联网装修的核心因素在于，在消费需求不断升级的背景下，前者已经无法满足消费者的个性化需求，更不用说为用户提供良好的服务体验。在交易主导权回归用户的新消费时代，传统装修行业内的工期冗长、偷工减料、成本较高、服务缺失等短板被无限放大。

针对这些问题，各家企业提出了差异化的解决方案。有的企业选择从技术角度出发，引入 AR/VR、大数据、云计算、移动互联网等新一代信息技术，实现装修产品及业务流程的数据化，为用户提供更完善的整体装修解决方案，实现工程施工的精细化管理，24 小时实时监控等；有的企业则选择模式创新，例如，让用户发布需求，然后基于数据分析，为用户提供装修设计方案，并为用户推荐设计师及施工团队，等等。

从传统装修升级为互联网装修，将是一场装修领域前所未有的巨大产业革命。在建材产品采购方面，去除渠道商与经销商等诸多环节的 F2C(Factory to custo mer, 从工厂到消费者，省去中间流通环节）工厂模式将爆发惊人的能量，厂家将根据消费者的个性化需来定制产品，实现按需供给，有效解决传统装修模式中普遍存在的库存积压问题，而且能够有效降低商品流通成本，为消费者提供更大的让利空间。

在物流配送环节，互联网装修企业将以自建物流的方式取代传统物流外包模式。对装修企业来说，虽然采用传统物流外包模式在成本方面具有明显优势，但这也不可避免地造成了运输效率低下、材料损耗严重等方面的问题，从而导致施工工期被迫延长，给用户体验带来了较大的负面影响。而自建物流在解决上述问题的同时，也进一步强化了装修企业的供应链管理能力，为装修企业打造完善的装修闭环生态打下了坚实的基础。

在装修方案设计环节，互联网装修企业将引入大数据、云计算、虚拟现实、人工智能等技术，在对海量装修案例以及用户需求数据进行深入分析的基础上，为用户提供真正满足其需求的装修设计方案。更为关键的是，在未装修以前，装修方案将以 VR 视频的方式展示出来，让消费者直接体验最终的装修效果，并对装修设计方案不断优化调整。

在装修工程施工环节，智能机器人将被引入到工程施工过程中。在传统装修模式中，由于工人缺乏专业知识、操作不当、野蛮施工等方面的问题，装修质量经常会出现各种问题。而应用了机器学习、自然语言处理等人工智能技术的智能机器人，在执行输入指令的同时，能够根据施工现场的实际情况灵活调整施工方案，并将施工进程及效果等信息及时反馈给消费者以及装修企业。

在工程监管环节，互联网装修将实现施工全程监管。通过引入新技术及先进设备，实现施工现场三维立体画面 24 小时实时呈现，与此同时，互联网装修还将打造完善的施工监管体系，为消费者获得满意的装修效果提供强有力的支撑。

……

在这样一场庞大而复杂的产业革命中，各家企业使出了浑身解数，加快自身的布局速度，整合各种优质资源，争取在跨界而来的互联网巨头布局未稳之际，构筑起较高的竞争壁垒。但整体来看，装修是一个产业链较长、业务流程

十分复杂的行业，装修企业的互联网化转型之路举步维艰。再加上传统思维模式的影响，更是给传统装修的转型带来了巨大的阻力。作者在搜集案例的过程中，发现很多业内人士对传统装修的互联网化升级存在诸多的困惑与不解。

有鉴于此，作为互联网装修研究者、探索者及从业者，我们在深入思考并搜集了大量实践案例的基础上撰写了本书，希望能够给读者、创业者、传统装修企业、互联网装修平台等提供一些帮助。本书从产业链重构、公装、模式创新、装修 O2O（Online to Offline，线上到线下）、用户体验、品牌营销、管理战略等七大维度，对互联网装修全方位、立体化地深入剖析，为装修从业者提供了一条行之有效的传统装修互联网化转型路径。

要让互联网装修真正落地，并不能像出行、团购等行业一般采用所谓的战略性亏损来培养用户习惯，刺激消费需求。关键在于找到用户需求痛点，强化自身的线上及线下服务能力，通过优质而完善的一站式装修服务解决方案，充分满足用户的个性化需求，为之提供全新的装修体验。只有这样才能避免整个装修行业陷入价格战与同质化竞争的泥潭中，完成互联网化升级改造。

传统装修行业的转型号角已经吹响，如果你想要从这片尚属蓝海的万亿元级市场中分一杯羹，请随我们一同进入互联网装修的盛宴中，寻找掘金新密码！

目 录

目 录

第1章

装修变革：

“互联网＋”重构传统装修产业链

|1.1　互联网装修：开启传统装修领域的新兴革命|

1.1.1 “互联网 + 装修”：构建装修产业新格局

在各行各业掀起互联网化改造的巨大浪潮中，传统装修行业也迎来了一次重大变革，在创业者及资本巨头的疯狂涌入下，互联网装修创业公司大量涌现。和很多被“互联网 +”颠覆的传统行业类似的是，互联网装修也经过了一个从摇篮期到爆发期，然后从爆发回归理性的发展历程。

不过和很多行业明显不同的是，互联网装修公司对线下服务体验环节的要求较高，仅提供信息服务的轻资产型发展模式不适合该行业，毕竟人们在制定装修决策过程中，更关注企业的服务实力。

◆ 互联网装修的概念

互联网装修是指利用互联网思维及新一代信息技术，解决传统装修的行业痛点，打破产品产业链各个环节的壁垒，整合行业内的优质资源，为消费者提供一站式装修服务解决方案，使装修变得更为透明、方便、快捷，更具性价比。

传统装修领域存在工期冗长、偷工减料、价格不透明等诸多行业痛点，而对其进行互联网化改造后，将通过科学的管理、完善的监督机制解决这些问题，同时，还能使广大消费者的个性化装修需求得到充分满足。

在"互联网 +"掀起的巨大变革风暴中，传统装修转型升级的序幕已经悄然拉开。从餐饮、出行等诸多被互联网改造的传统行业来看，这些行业具有三大典型特征：

（1）市场规模庞大，发展前景非常广阔；

（2）产业链复杂，存在很多可以探索的细分领域；

（3）存在需求痛点，用户体验较差。

上述三点在装修市场无疑都得到了充分体现。此外，从线上购物的发展趋势来看，消费者从最初购买图书等标准化、轻服务的产品，到购买个性化、轻服务的服装，再到购买标准化、重服务的家电等产品，如今迎来了个性化、重服务的泛装修类产品的发力期。在齐家网、居然之家等互联网装修创业公司的推动下，装修 O2O 将成为本地化生活电商领域的一个新战场。

随着人工智能、移动互联网、物联网等新一代信息技术在人们生活不断深入应用，装修成为一个重要的线上入口。"互联网 +"与装修的融合将会使传统装修存在的信息不对称、中间环节过多、缺乏有效监管、施工效率低下等诸多问题得到有效解决，为广大消费者提供更方便、快捷、透明和更具性价比的装修服务解决方案。

从当前的互联网发展情况来看，包括电商巨头、家电巨头、装饰公司、房地产商、家居品牌商在内的各家企业都在加快布局，争取在短暂的风口期通过差异化竞争拓宽企业的"护城河"，打造具有较强影响力的品牌。

由于互联网装修仍处于初级发展阶段，企业为消费者提供的产品主要以标准化的套餐为主，消费者的个性化需求未能充分满足，而且由于从业者整体素质参差不齐，用户体验不稳定，整个行业在各家企业的不断试错中曲折前进。

不过我们也看到了互联网装修在成本控制、施工监管、引入流量、售后服务等诸多方面展现出来的明显优势，作为一种新兴业态，互联网装修难免会出现问题，在创业者及企业的不断努力下，这些问题将会有效解决，互联网装修也将不断走向成熟。把握未来互联网装修的发展趋势将有利于企业通过率先布局，抢占战略制高点。

◆ 互联网装修 PK 传统装修

（1）传统装修

传统装修有 4 个方面的劣势，如图 1-1 所示。

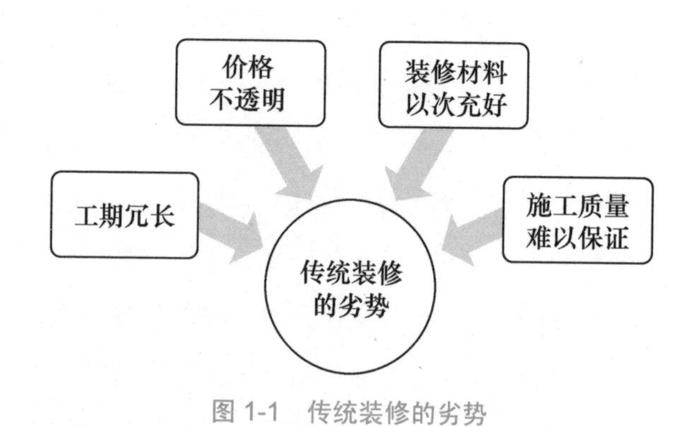

图 1-1　传统装修的劣势

★ 工期冗长。在传统装修模式中，有前端的建材品牌商、经销商及零售商，终端的设计公司、施工团队及装修公司，甚至还有很多中介机构，如此多的中间环节自然造成了施工工期大幅增加。因此，用户需要耗费大量的时间与精力。很多时候用户需要自己前往建材市场购买装修材料，自己联系装修公司，心力交瘁。

★ 价格不透明。传统装修行业的返点、回扣等潜规则尤为严重，在施工过程中，装修团队还临时增加一些装修项目，由于用户缺乏专业知识与相关经验，即使知道其中可能有问题也很难及时发现，从而使装修成本明显增加。此外，装修材料十分复杂，品牌众多，很多消费者购买到的价格远高于产品的真实价格。

★ 装修材料以次充好。由于用户对装修材料缺乏专业的认识，施工人员在施工过程中偷工减料很难被发现，导致装修问题频繁出现。

★ 施工品质难以保障。由于工程外包十分普遍，装修团队大多是临时组建而成的，很多装修工人没有经过专业的指导与培训，而且施工过程缺乏有效监管，装修质量很容易出现问题。

（2）互联网装修

互联网装修有5个优势，如图1-2所示。

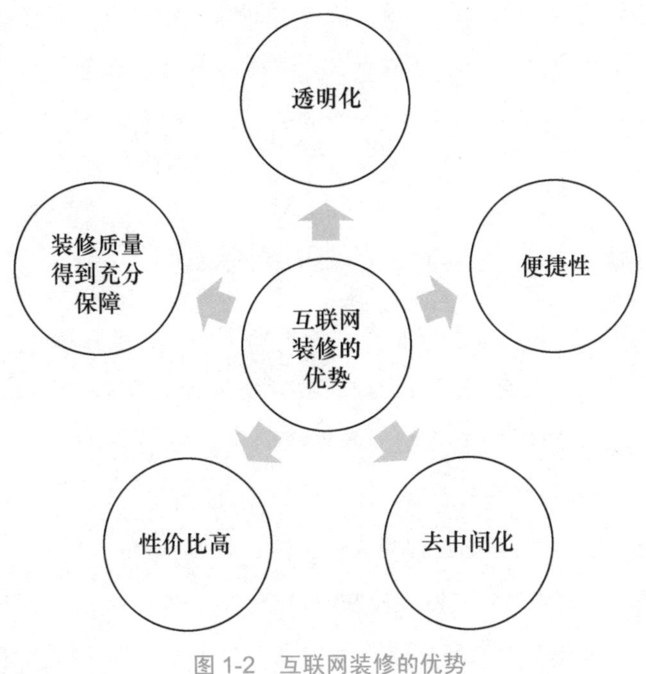

图1-2　互联网装修的优势

★ 透明化。企业为消费者提供一站式装修服务解决方案，价格透明，装修质量有保障，售后服务完善，而且企业有专业的监督人员负责监管。

★ 便捷性。消费者不需要自己到建材市场购买材料，也不需要自己联系装修公司，只需要在线上选择装修套餐即可。

★ 去中间化。互联网的存在使消费者能够和装修企业无缝对接，

依靠信息及渠道垄断从中牟利的中间商的生存空间被极大压缩，设计师及项目经理吃回扣等行业乱象也得到有效解决，中介机构最终将被淘汰出局。

★ 性价比高。减少中间环节使装修企业在获取足够利润的同时，为消费者提供更大的让利空间，从而为消费者提供更具性价比的装修产品及服务。

★ 装修质量得到充分保障。在互联网装修模式中，装修企业将引入智能化及自动化的ERP管理系统，并委派专业的监管团队负责项目的全程监管，消费者可以通过线上官网、APP应用等实时查询装修进度。

1.1.2 回顾2016：装修产业的新一轮洗牌

众所周知，装修行业与制造业、服务业不同，它没有统一的标准，产品价格也不透明，与施工人员沟通需要耗费很高的成本。对消费者来说，装修是一件既耗费财力又耗费心力的事情。

近年来，随着互联网的发展，传统行业开始变革，装修行业也身处其列。在创投圈内，互联网装修始终深受人们关注。转型、融资、改造、升级、创新、颠覆，这些词汇始终与互联网装修密不可分。

那么，2016年的互联网装修行业究竟发生了哪些变化？互联网装修行业又要如何沉淀、发展呢？

随着"新中产"人群规模的扩大，2015年，装修行业的总体规模已达4万亿元。同年，雷军注资爱空间，将互联网装修推上了热点。除爱空间之外，有住网、美家帮等互联网装修平台也相继崛起。除这些新兴的互联网装修公司之外，土巴兔、齐家网等老牌的互联网装修公司也频频发力，使整个互联网装修公司呈现出一派繁荣景象。

土巴兔成立于2008年，齐家网成立于2005年，也就是说，我国的互联网装修产业不是近年才兴起的，但是为什么2015年被称为"互联网装修元年"呢？其原因在于，互联网装修公司于2015年提出了"免费设计""标准化套餐"等概念，向传统装修行业发起了"降维攻击"，迫使传统装修行业对未来的装修趋势、用户需求进行反思。

老牌公司的频频发力和新兴公司的不断涌起让互联网装修迎来了一个黄金时代。虽然业内呈现出一派百花争艳的繁荣景象，但业外人士却产生了一种看不清、摸不透的感觉。为了拨开迷雾，让互联网装修的真实情况显露出来，我们对2016年互联网装修行业的变化进行总结，预测互联网装修行业未来的发展趋势。

据清科集团的相关数据显示，仅2016年上半年获得投资的互联网装修企业就有20家，当然，在此期间也有一批互联网装修公司被市场淘汰。其他行业与互联网结合可以复制"互联网+"模式，但装修行业不可以。因为装修行业具有链条长、环节多、流程复杂的特点，单纯地复制"互联网+"模式是行不通的。正因为如此，在装修行业，贸然进入的外来者们会感到非常困难。

2015年，搜房网以"666元套餐"为旗号进军互联网装修市场，仅坚持了半年就退出；2016年年初，新美大开设装修版块，不久后也黯然退出；2016年年底，万科与链家组建"万链"进入互联网装修市场，其业务上线不足2个月就被媒体曝光装修质量差、施工资质不全等问题。近两年，在互联网装修领域，这样的案例不胜枚举。由此可见，外来者进入这个行业，被淘汰出局是常态。

这种现象出现的根本原因在于：企业只看到互联网装修市场表面上呈现出来的繁荣景象及巨大的市场发展潜力，忽略了装修产业的本质。装修不只是一个行业，还是一个全产业链。这条产业链涵盖了4个环节，分别是设计、施工、建材和售后，每个环节都需要丰富的经验。而新进入者，无论是房地产行业的大佬，还是科技巨头都没有经验积累，很难在行业立足、发展。

现如今，在这个新兴的互联网装修市场上，哪类企业能立足发展？哪

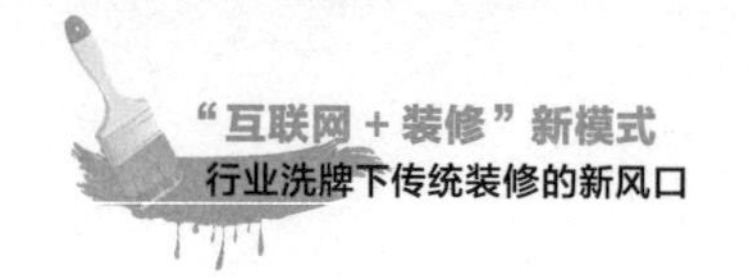

类企业能真正满足装修市场的需求呢？

（1）以土巴兔为代表的一站式整体装修服务平台

土巴兔成立于2008年，是一家老牌的互联网装修公司，已积累了8年的发展经验，如图1-3所示。土巴兔为用户提供集装修设计、装修施工、家居电商、装修金融等服务于一体的一站式整体装修服务。2016年6月底，土巴兔装修生态发布会召开，“云工长”正式上线，标志土巴兔开始从装修服务平台向产业生态演变，这是企业发展的必然结果。

图1-3　土巴兔官方网站

土巴兔创始人王国彬曾表示，土巴兔的未来发展路径是成长为一个集装修金融场景、诚信体系、新装修人、共享经济、装修大数据、智能家居于一体的装修产业生态，为国内消费者提供多层次、优质的装修服务。

另外，“云工长”的上线让所有业内外人士认识到，**所有的装修工作都要通过人来实现，工长与工人才是装修的服务主体。**

创立之初，土巴兔的平台定位是信息连接与内容建设，后来演变为深入把控工地质量，再后来演变为建立行业口碑与服务者入驻机制。随着平台定位的演变，土巴兔对装修行业的认识更清晰，对未来也有了明确规划。

随着消费不断升级，新一代消费群体希望能从线上获得更多的服务。从这个角度来说，一站式整体装修服务模式不仅是土巴兔的发展模式，还是整个互联网装修行业未来的发展目标。

（2）以天猫装修为代表的撮合交易平台

2016 年 7 月，天猫与实创、有住网、百安居、我爱我家、惠装联合举办了一场"天猫人民装修"活动，吸引了很多企业参与，并签署了战略合作协议，如图 1-4 所示。对于这一活动，很多人都有这样的疑问：为什么在 2016 年天猫装修还能应用撮合交易这种经营模式呢？具体来说，原因有以下两点。

图 1-4　天猫装修

第一，装修行业最理想的模式是线上线下相结合的 O2O 模式。但很多互联网装修企业缺乏内容支撑，没有流量，很难借互联网思维改变自己的经销商思维，也很难使供应链得以优化。

第二，从用户端来看，近几年，装修企业亟须拓展销售渠道。经过多年的发展，装修行业的线下渠道已趋于饱和，再加上主流消费群体养成了

线上消费的习惯，导致装修行业的线下消费市场进一步缩小，迫使传统装修企业不得不朝线上发展，拓展销售渠道。在这种情况下，天猫就成了传统装修企业拓展销售渠道的一大选择。

但是，目前，天猫装修仅是一个信息撮合平台，不能实际掌控线下装修工地的施工情况只能撮合用户与互联网装修公司合作，不能介入装修设计、施工、材料采购等环节。另外，虽然天猫平台有巨大的流量，但这些流量主要集中在小额零售商品领域，客单价较高的装修服务领域汇聚的流量较少。所以，天猫装修的发展还需要时间。

（3）以爱空间为代表的限时现价的标准化装修自营公司

爱空间（图 1-5），成立于 2014 年，创始人陈炜提出互联网家装概念，作为提出标准化家装的互联网公司，通过整合知名品牌供应商，以“标准化、产业化”的理念，主打“从毛坯房到精装房 20 天、699 元 / 平方米”，曝光之后引发了互联网家装热，之后蘑菇装修马上打出“599 元 / 平方米”，另外，海尔旗下有住网的“百变加”、搜房网的“精装 666 元 / 平方米”也纷纷入局。由于引爆式的营销，直击用户的痛点，价格标准化，时间最短化。大量的用户纷纷选择了此类的公司，随着工地的增加，所有的限时现价互联网标准化套餐公司纷纷陷入施工管控和按时交付的难关。用户的体验度也随之下降，20 天的交付工期都要达到 30 天以上，有的离谱到半年才交付。

图 1-5　爱空间网站

装修是比买一个产品慎重得多的决策，生产装修产品也远比买一个产品要复杂，服务质量和管理及时间节点的把控对于互联网家装来说是巨大的考验。

1.1.3 决战2017：互联网装修的六大趋势

2017年，互联网装修行业的发展进入了下半场，开始由轻模式朝重服务升级、发展。虽然，互联网装修行业遭遇了资本寒冬，但很多企业都没有受到较大的影响。通过对2016年互联网装修行业的重大发展事件进行总结，可得出2017年互联网装修行业有以下六大发展趋势，如图1-6所示。

图1-6 2017年互联网装修的六大趋势

◆ 互联网装修向三四线城市下沉

据艾瑞咨询发布的《2016年互联网装修行业白皮书》显示，目前，互联网装修用户主要分布在一二线城市，一二线城市也是互联网装修行业的主场。但是，随着一二线城市的互联网装修市场逐渐饱和，城市化进程越来越快，互联网普及率越来越高，互联网装修将朝三四线城市下沉。**2017年，互联网装修企业的分站数量将快速增加，规模与体量仍是影响用户决策的重要因素。**

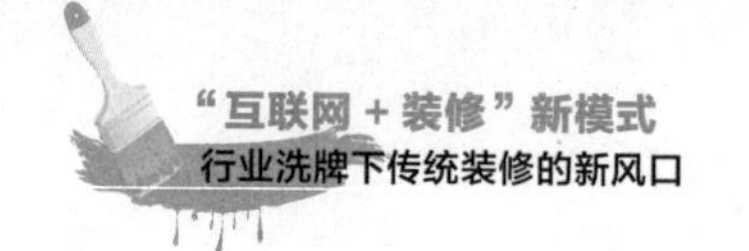

随着三四线城市的快速发展，互联网装修企业需要积极采取渠道下沉战略。如果互联网装修企业能够率先完成布局，那么就能借助模式红利很好地应对当地传统装修公司的竞争。虽然在用户资源方面，这些传统装修企业具有一定的领先优势，但其服务体验差、工期冗长、价格较高等短板，将会在互联网装修的对比之下被无限放大。

2016年3月28日，在福建省电子商务大会上，齐家网CEO邓华金表示，预计到2017年年底，齐家网的业务覆盖范围将达到近1000座城市。2016年，东易日盛旗下的互联网装修品牌——速美超级家，在全国范围内召集事业合伙人，意欲在国内的100座城市打造150家线下门店。

渠道下沉战略确实能够让互联网装修企业的业绩获得一定的增长，但这会给企业运营及管理带来较大的压力。实现持续稳定的发展的关键是能够建立一套可以在多座城市快速复制的发展模式，并能够结合当地的消费需求实现本土化。

◆ 消费升级，互联网装修要面临更高的品质要求

随着消费升级，消费者越来越喜欢通过网络寻求一站式解决方案，同时，消费者对居住品质的要求也越来越高。在这种情况下，互联网装修提供的一站式装修服务深受消费者喜爱，同时，消费者对家居服务的需求也不断升级，从简单的居住需求转向了家居文化，高档次、个性化的家居需求也被不断扩大。不仅使装修市场需求不断增加，还在某种程度上迫使互联网装修企业的服务质量有效提升，从单纯寻求低价转向了追求品质与价格的平衡，推动装修行业的整体水平进一步提升。

◆ 产业能力成核心指标，市场竞争愈加激烈

装修行业没有百亿元规模企业的原因在于：行业缺乏产业整合力，优质服务供给不足。在互联网装修行业发展的下半场，在消费升级、产业升级的大环境下，只有疏通整条产业链、深度整合各环节的资源，才能进一步提

升供应链与服务链的把控能力，才能在新的发展阶段获取竞争优势。也就是说，在互联网装修企业发展的下半场，企业亟须构建起以互联网技术对产业链进行改造、为用户创造价值的核心竞争力。

◆ 智能家居市场成为新的行业风向标

在过去很长一段时间里，国内智能家居市场的呼声都非常高，但实际的发展情况却差强人意。导致这种情况出现的原因有两点：第一，科技产品的研发周期较长；第二，存在渠道短板。目前，在智能家居前装智市场中，装修行业占据入口位置。装修入口作为进入智能家居前装市场最快捷的途径拥有先天优势，只要互联网装修能解决技术与供给问题，就能在智能家居市场竞争中占据优势。

◆ 运营效率和转化率持续提升，更加精细化运营

互联网装修企业想要实现盈利，必须有效控制合同成本。通常来说，整包的合同成本要在2000元以下，而且获客成本不能超出合同成本的3%。从诸多互联网装修企业的实践案例来看，为了有效提升企业运营效率及转化率，装修企业必须做到以下几点。

（1）毛利润降低到传统装修的50%，纯利润不低于5%。可能很多人认为这很难完成，但因为互联网装修去掉了诸多中间环节，要做到这一点并非十分困难。

（2）线上流量转化率达到5%～10%，线下推广转化率达到30%～50%，订单转化率达到40%～60%。建立完善的供应链管理体系及施工监管体系，施工工期控制在45天以内。

◆ 切入地产商精装房市场，融合个性化装饰

从地产的发展趋势来看，早期由于存在土地红利，商品房主要以毛坯房为主。如今的土地红利日渐消失，再加上受调控政策的影响，使商品房从毛坯房向精装房过渡。未来随着互联网装修的崛起，商品房将会进入成品房时代。

有住网、土巴兔及蘑菇装修等互联网装修企业都在投入大量资源，拓

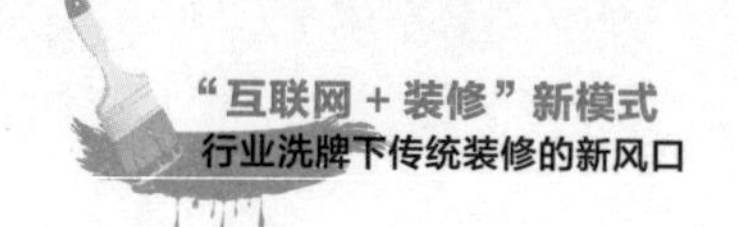

展面向地产商的精装房业务。在这一领域取得成功的关键点在于，能够在材料、施工工艺及监管实现标准化的基础上，搭配个性化及定制化的装修设计，提升商品房的溢价能力。以前，之所以很多地产商对和装修企业合作推出的精装房感到不满，是因为这种精装房性价比过低，消费者宁愿买毛坯房自己装修，也不愿直接购买精装房。精装房时代风口即将来临，未来一定会出现巨头型的整装公司。那么中小型装修企业该何去何从？精装房的整装背后拼的是资金和工地的交付能力，中小型装修企业在没有资金实力和大量的交付能力的前提下该如何转型呢？

1.1.4 资源整合：互联网重构装修产业链

随着移动互联网、物联网等新一代信息技术的发展，以及人们生活水平的不断提升，传统装修提供的产品与服务已经越来越难以满足人们的需求。近几年，为了有效迎合消费需求，很多装修公司积极进行产品及服务创新，再加上创业者及企业的大量涌入，使装修产业链整合进入资源整合时代。

◆ 装修微利时代开启，按平方米计价成为主流

在部分得到资本支持的装修创业公司掀起一轮轮价格战后，装修行业出现了"666 元 / 平方米""688 元 / 平方米""699 元 / 平方米"等各种按平方米收费的装修产品及服务，甚至部分装修企业还将材料与施工拆分开来，也采用按平方米收费的模式。

很多人将装修行业出现的这种"××× 元 / 平方米"的收费模式，视作传统装修转型互联网装修的典型代表，而且这类产品或者服务也存在各种各样的免费项目，这与互联网企业普遍采用的免费模式保持一致。此外，施工工期被进一步具体化，缩短施工工期成为装修企业提升市场竞争力的重要手段。

但也有很多质疑者提出了反对意见，他们不认为这属于互联网装修，这只不过是为了扩大市场份额而盲目跟风，互联网装修模式的落地还要进一步探索。

与很多行业相比，传统装修着实算是一个"暴利"行业，这在很大程度上是因为信息不对称造成的，而互联网尤其是移动互联网的出现，打破

了这种局面。装修产品及服务的需求方与供给方实现无缝对接，人们能够在网络中随时随地获取实时信息。网上装修服务不仅价格透明，甚至价值也趋向于透明，装修行业迎来微利时代也就成了必然的结果。

◆ 从线上到线下，服务商身份的转换

在装修市场，除了传统装修企业进行转型与创新外，很多互联网企业也进入该领域，其中不乏一些从提供简单的信息对接服务的轻资产型装修平台，转型成为自建装修团队甚至线下门店的重资产型、一站式装修服务方案供应商。

◆ 以互联网为平台，APP、网站虚拟应用逐渐成熟

目前装修企业尤其是互联网装修企业在技术及智能设备应用方面进一步强化，它们积极发挥平台优势，开发出拥有丰富功能的应用产品，甚至借助AR/VR技术让消费者在装修前就可以近乎真实地体验装修效果，从而引起很多年轻用户群体的关注。

传统装修企业也在积极完善自身的线上布局，在通过3D模型、全景视频展示产品及服务的同时，也引入了能够用于数据搜集及成本计算的BIM（Building Information Management，建筑信息管理）软件，并将其与ERP(Enterpnse Resource Planmny, 企业资源计划）系统无缝对接，实现对装修服务全流程的实时管理。

◆ 信贷业务，介入装修服务

随着装修成本的不断提升，以及"互联网+金融"的不断发展，装修领域也开始出现各种各样的信贷业务。例如，圣点装饰与互联网金融服务商优优宝达成战略合作，让消费者享受"先装修后付款"的优质服务。

集美家居、中国建设银行、谷迈安居达成战略合作，为满足条件的消费者提供信贷置家服务，消费者通过谷迈安居在北京市场中的实体门店享受报价、装修服务，并在集美家居平台购入家居建材产品后，便能享受一笔24期的免息、免手续费的信贷优惠政策。

◆ 催生"装修后服务"市场

装修后服务市场同样吸引了很多创业者及企业的布局，以专注于家居

后服务市场的多彩饰家为例，由于广大消费者对生活品质的要求已经提升到了新的高度，对装修产品进行维修及美化的需求在短时间内集中爆发，而认识到这一重大发展机遇的多彩饰家将深耕家居后服务市场，无论是一块面板，还是整个空间，多彩饰家团队都能通过自身的专业技艺与对时尚潮流的强大把控能力，最大限度地满足消费者的居家换新需求。

◆ 建立"互联网＋"的共同秩序成企业诉求

和很多已经走向成熟的行业一样，未来的装修市场也会出现具有强大统治力的巨头，它们通过强大的资源整合能力占据大部分市场份额，尤其是阿里巴巴、京东等跨界而来的互联网巨头进入装修市场后，很多传统装修企业不免为未来的发展前景感到担忧，可以预见的是，装修行业将会迎来一场前所未有的巨大转变。

不过，对当前的装修市场而言，从业者最关注的并非是巨头的诞生或者某家装修企业通过颠覆式创新而取得了绝对领先优势，而是装修行业能够成功地找出一条从传统装修完成"互联网＋装修"的转型之路，让自己能够在这个竞争激烈的装修市场中成功存活下来。

1.2 智能装修：科技驱动下的互联网装修新体验

1.2.1 技术驱动：互联网时代的装修新体验

一直以来，互联网装修作为一个产业链非常长的行业备受资本与创业者的青睐，其中存在的诸多痛点为互联网装修公司介入这个行业提供了机会。严格来说，互联网装修是在"互联网＋"时代出现的一种新型的装修模式，与所有的"互联网＋"产物一样，这种装修模式出现以后在很短的时间内就得到了快速发展。

在互联网与人们生活结合得日益紧密的情况下，互联网装修行业吸引了众多参与者、尝试者进入。同时，长期深受装修之苦的消费者也将互联网装修视为摆脱装修困境的重要途径。在这种情况下，互联网装修引爆了一场装修革命，云端设计、F2C 供应链管理、远距离监控等一系列与互联网装修有关的词汇相继出现，并在实际装修过程中有效应用。

在这种情况下，2015 年被很多人称为"互联网装修元年"，甚至有人推测随着互联网装修的发展，人们对传统装修的看法将被彻底颠覆。人们对互联网装修发展前景的乐观预测不是凭空产生的，这种预测有深刻的市场背景。

在很多人眼中，装修属于劳动密集型行业，不具备与互联网技术结合的基础条件。但装修资讯端成功应用互联网技术的实践改变了人们这一看法，更多人开始尝试将互联网技术用到更深、更广阔的装修领域中去，尝试使用互联网技术解决传统装修过程中遇到的种种难题。

于是，互联网技术开始与传统装修行业结合，并产生了很多有益成果。例如，借助云端设计统一管理系统，企业可以将设计方案放到线上进行整合，进而提高设计效率；全天候装修监控系统可以对装修现场进行 24 小时监控，借助 APP，监控信号可以在用户手机上实时呈现；在 F2C 供应链模式下，在装修现场可以与建材生产商直接沟通，实现按需生产、工厂直供，等等。

因互联网技术的介入应用，人们对传统装修行业的看法彻底改变。这些互联网技术为传统装修行业的痛点提供了有效的解决方案，于是，互联网装修公司前仆后继地出现，对人们生活产生了重要影响。在传统装修环节借助互联网技术成功改造之后，人们在装修过程中经常遇到的问题逐渐减少，装修体验得到了切实改善。

例如，利用互联网技术将装修设计方案在云端整合，在确定装修方案时，用户不再唯设计师之命是从，而是会先通过互联网搜集资料，找到符合心意的设计方案。通过这个流程，用户有了多样化的选择，也更有底气应对装修过程中的各种问题。

而利用互联网技术对装修现场 24 小时监控，则方便用户随时随地查看

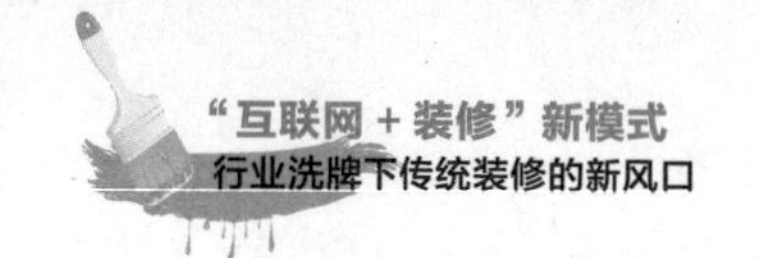

装修动态，不必总在装修公司、施工地、住所间来回奔走。另外，利用互联网技术让建材生产商与装修现场直接对接，不仅能解决建材生产商盲目生产造成的浪费问题，还能有效节省营销成本，让用户获得切实利益。

与互联网技术用于传统装修行业改善用户体验相似的案例还有很多，这些案例告诉我们一个事实：互联网技术的应用颠覆了传统装修行业，也在一定程度上解决了传统装修行业的痛点。在传统装修行业改造的过程中互联网技术确实产生了重要作用，正因如此，土巴兔、齐家网等互联网装修企业相继获得了巨额融资，开始介入人们的日常生活，并对人们的日常生活产生了深远影响。

1.2.2 智能装修：装修与智能技术的深度融合

随着 4G 通信技术的不断发展及配套设施的不断完善，使用接入互联网的智能手机等移动设备体验网络生活已经成为人们生活的重要组成部分。这对装修行业同样会产生巨大影响，以前人们可能需要亲自前往工地参观、去施工现场和施工人员沟通，而如今只需要借助微信、QQ 等社交工具即可。尤其对于规模相对较小的小微装修企业，微信是一种最简单有效的用户关系管理工具。

装修行业是一个十分庞大而复杂的市场，少数几家企业或平台很难完成对市场的垄断，当互联网装修模式红利消失以及迫于盈利压力而终止烧钱补贴后，平台的增长将会日渐缓慢甚至趋于停滞。在现有的电商平台中，马太效应（Matthew wffecto, 指强者愈强，弱者愈弱的现象）尤为突出，订单集中于少数几个商家手中，这就为创业者及相关企业提供了巨大的发展机遇。

未来诞生平台级企业的机遇主要集中在供应链整合方面，这种平台将整合位于全国各地的数十万甚至上百万个施工团队以及小微装饰公司，通过完善的供应链及配套体系颠覆传统的层级分销模式。当然，这种平台的出现是建立在装修从业人员整体素质及服务意识不断提升，以及消费需求不断升级的基础之上。

随着智能时代不断走向成熟，互联网装修也将具备更广阔的探索前景。智能科技时代的互联网装修将会发生何种转变，又会表现出怎样的特征呢？

首先，互联网将与装修实现深度融合，促使我们迎来智能装修时代。互联网装修并非是一个具体的事物，其在装修行业中没有明确定位，互联网将作为一种基础设施融入装修产业链的各个环节之中，从而引发一场前所未有的巨大产业革命。

以智能技术为支撑的各种设计工具、测量工具等，将使装修的智能化程度大幅提升，使装修升级成为智能装修。智能装修和互联网装修存在本质上的差异，智能技术应用到装修领域后，装修行业和技术行业的融合程度进一步加深，智能装修也将升级为一个重要的细分市场。

而互联网装修则是一种生活方式，一种生活理念。目前，互联网装修更多的是一种消费方式，作为一种消费方式它很容易出现各种问题，而随着智能时代的来临，互联网装修成为我们生活的一个组成部分，人们并非是单纯地购买一个个独立的产品，而是购买了一套整体解决方案，而且获得这种整体解决方案就像我们在电商平台购买商品一般方便快捷。

以智能技术为支撑的互联网装修将在装修过程中出现的设计不合理、成本较高、品质难以保证等问题得到解决，消费者只需要选择合适的装修产品风格即可，而无须参与施工过程，从而使互联网装修迎来颠覆性变革。

智能时代的来临，最终可能会让互联网装修在我们心中逐渐消亡，但这并非意味互联网装修行业将会消失，而是它很有可能会成为一种新事物，让人们获得一种全新的体验，互联网装修将不再仅局限于房屋装修，它将会扮演更多元化的角色，为人们的家居生活增添更多的色彩。

1.2.3 场景智能：智能装修的未来发展路径

随着智能家居的发展及应用，人们终将迎来一个建立在场景化体验基础上的新装修时代，一个装修场景智能化时代，如图1-7所示。

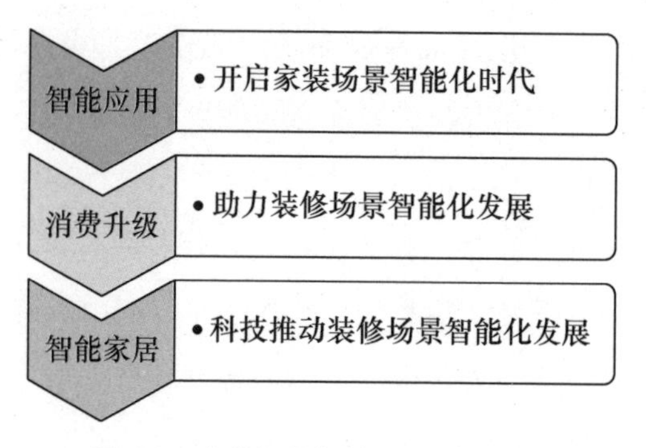

图 1-7　装修场景智能化时代的来临

◆ 智能应用：开启装修场景智能化时代

近十年来，在智能家居不断发展的过程中，智能家居的场景化应用也在不断完善与拓展。

2002 年，系统集成商、强弱电工程商出现，智能家居系统在高级酒店、高级住宅等场景中得以应用。

2014 年，装修公司、装修平台、设计公司、公装公司进入智能家居领域，智能家居系统的应用场景开始朝洋房大规模扩散。

2016 年，家居公司、家居卖场与家居平台出现，智能家居系统开始进入装修市场。

在业内，2016 年，欧博瑞提出了"场景即智能"的概念，涵盖了家庭、酒店、办公三大场景。自那时起，欧博瑞等家庭场景智能化提供商就开始与国内数十家装修平台合作，包括土巴兔、东易日盛、齐家网等，为用户提供智能化装修服务。

2017 年 1 月，欧博瑞在其集团的展厅布置了 12 个智能装饰样板间，向外界展示了欧博瑞为用户提供的智能家居场景解决方案。通过与互联网装修平台合作，为其提供场景化装修生态系统，欧博瑞为智能家居时代的发展提供了有效助力。

事实上，从某方面来讲，正是由于智能化应用不断落地，才推动了智能家居时代来临。未来，在这种智能科技引发的技术变革的影响下，智能家居将朝着更好的方向发展。随着各大装修平台涌入智能家居领域，智能家居将成为后互联网时代家居行业的全新发展方向。受场景装饰智能化需求的牵引，家居产品与装修方案在未来必将实现智能化发展。

◆ 消费升级：助力装修场景智能化发展

随着消费升级，在装修领域，用户消费将从图纸时代迈向场景化体验时代，装修场景智能化将迎来全新的发展机遇。

未来，互联网装修平台将在线下设立智能家居体验厅，使用智能产品引导用户消费朝智能场景转移，并与地产商合作在线下建立场景化智能样板间，为用户提供体验、设计、选材、管理等一站式服务，为用户带来全新的消费体验。例如，欧瑞博与欧派合作，让欧派从传统的大家居服务商转型为智能家居服务商。

对用户来说，互联网装修平台提供的这种服务能切实改善消费体验。并且，通过这种一站式服务，各个装修环节被整合到一个以用户为中心的场景中，利用用户在这个场景化生态体系中的作用，互联网装修平台能利用各个环节为用户提供服务，满足用户不断升级的消费需求。

也就是说，智能化装修通过场景化体验推动消费升级，通过智能场景的落地应用，解决传统装修、互联网装修存在的问题，通过以用户为中心建立起来的装修场景智能化生态体系帮用户解决装修难题，最终推动用户真正实现消费升级。

◆ 智能家居：科技推动装修场景智能化发展

传统装修行业存在的问题之所以无法凭借互联网技术彻底解决，有一个非常重要的原因，就是互联网技术不能贯穿互联网装修的各个环节，无法与装修行业的各环节产生联系，无法从根本上使装修行业发生改变。

装修场景智能化是一个生态体系，其核心是智能科技。如果没有智能科技做支撑，装修场景智能化就与传统装修无异。以欧博瑞为例，作为装

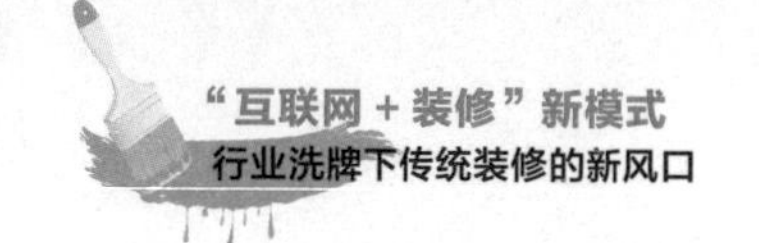

修场景智能化的提供商，欧博瑞引入各种智能科技，只有与智能科技深度融合，才能为用户提供装修场景智能化的解决方案，才能为七大全宅系统（智能照明、智能门锁、智能睡眠、智能窗帘、智能安防、智能影音控制、智能家电控制）、智能云平台、智能主机、智能365提供安装服务，才能为装修场景智能化的落地应用问题提供解决方案。

因智能家居科技的落地应用，装修场景智能化彻底解决了传统装修存在的问题与痛点，最终构建起完整的装修场景智能化生态体系。未来，互联网装修将逐渐落幕，在智能科技基础上发展起来的场景装饰智能化将成为新的创业风口。通过这种能深度介入装修市场的智能家居科技，装修场景智能化生态体系终将得以构建，人们将迎来一个全新的智能家居时代。

由于互联网装修不能对传统装修彻底改造，最终，互联网装修工程只能被迫夭折。未来，凭借日渐成熟的智能科技，互联网装修或将迈进全新的发展阶段。对智能家居来说，在智能科技基础上构建起来的装修场景智能化生态体系将成为全新的发展方向。随着消费需求的不断升级，一个在用户基础上建立起来的装修时代即将到来。

1.2.4 未来之路：互联网装修的下半场革命

互联网装修上半场已经终结，其中存在痛点与问题的流程与环节早已被互联网装修公司发现。在这种情况下，互联网装修公司有了更加坚定的信念，试图借互联网技术解决装修过程中存在的问题，改变互联网装修。

在互联网装修的下半场，互联网装修公司将从更细分的领域切入，让互联网装修朝精细化方向发展；在互联网装修的上半场，互联网装修公司通过全方位切入装修市场使人们改变了对传统装修的固有印象。经实践证明，通过重新梳理装修环节，互联网装修确实改变了人们对装修行业的固有印象，但互联网装修行业的问题与痛点依然存在。互联网装修企业要想彻底消除这些问题与痛点，必须从更加细分的领域切入，切实提升用户体验。

例如，在设计环节，互联网装修公司单纯地认为只要利用互联网技术在云端对装修图纸的整合就能节省资源，提升效率，改善用户体验。但是，在实际运用的过程中，因为不同的用户对装修设计有不同的要求，装修设计在云端整合之后，设计师依然要根据用户需求对设计方案修改、调整。这样一来，装修方案的设计效率不升反降，用户体验也没有得到有效改善。

未来，互联网装修公司从更加细分的领域切入能使互联网装修变得更加精细化，用户体验能得到切实改善。例如，互联网装修公司收集与用户需求有关的大数据，在设计装修方案之前就将这些大数据与用户需求进行匹配，在设计装修方案的过程中对用户的个性化需求进行处理，达到提升设计效率与满足用户个性化需求的双重效果。

从这方面来看，在互联网装修的下半场，互联网装修行业将呈现更多细分领域，互联网装修也将从"粗线条"进入"细描绘"阶段。在这个过程中，用户体验将得以有效提升，提升幅度将赶超上半场。

在互联网装修的上半场，互联网技术仅被引入了装修环节；在互联网装修的下半场，随着越来越多的互联网技术全面进入互联网装修领域，互联网装修具备的科技元素将越来越多，互联网装修的科技范儿将越来越足。

例如，将VR技术引入互联网装修，既能让用户在装修完成之前就看到装修完成之后的样貌，还能将VR技术引入整个装修流程，使用VR技术对装修现场进行及时、有效的监管，用户通过VR技术获得的监管体验与亲临施工现场获得的监管体验是一样的。

除VR技术以外，未来，借助超级互联网技术还能使很多施工现场的监控问题得以有效解决，如因信号不稳造成的无法实现施工现场24小时监控等问题。如此一来，互联网上半场设想的使用互联网技术对施工现场进行24小时监控的想法就能有效实现。

随着互联网技术在装修领域的全方位介入，互联网装修会越来越科技。在这种情况下，互联网装修公司在人们脑海中形成的固有印象才能被彻底改变，进而演变成一种全新的产业类型，带给用户真正的、极致的装修体验。

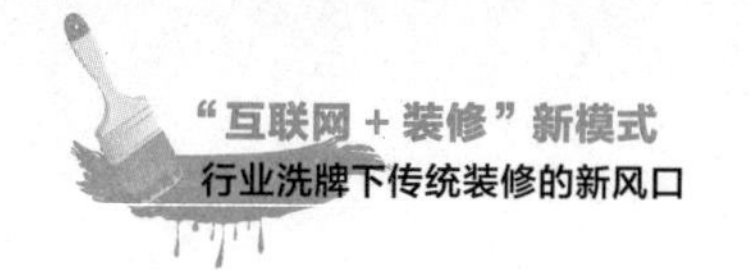

在互联网装修下半场，随着更多互联网技术的进入，互联网装修承担的功能也会越来越多，用户装修不再只是一种简单的装修行为，而是和更多行业联系在一起。现如今的装修仅是装修，只需考虑如何为用户提供优质的装修体验即可，但是这种装修与装修行业相关领域的联系并不紧密，使装修行业的许多功能都无法发挥出来。

事实上，装修行业每个流程与环节都会产生数据源，其中的数据与用户本身的生活和消费习惯密切相关。如果装修公司能对这些数据进行收集与利用，把其应用到装修及相关领域，装修公司将发现更多机会，将与用户发生更多联系。在这种情况下，装修不再只是单纯的装修，它承担的功能将越来越多，会全面覆盖人们生活，对更多行业产生影响。

互联网装修给人们生活带来了直接且深远的影响，与此同时，互联网装修庞大的产业链系统使互联网装修承担的功能越来越多。随着装修行业的细分，随着更多互联网技术被引入，互联网装修承担的功能将越来越多。现在，互联网装修的变革之路才刚刚启程，未来，互联网装修将呈现出一个与众不同的面貌。

1.3 掘金蓝海：互联网装修发展现状与未来方向

1.3.1 全屋定制崛起，建材供应链一体化

2015年被称为"互联网装修元年"，这一领域涌入了大量的创业者及投融资机构。据公布的数据显示，2015年国内布局互联网装修领域的企业达到了300家以上，有27家完成了融资。行业的火热吸引了地产商、公装企业跨界而来，在互联网装修领域投入了大量资源。

进入2016年后，由于同质化竞争问题，缺乏资金支持的企业快速死亡，洗牌过后，存活下来的企业更专注于提升自身的服务质量、进行模式创新。

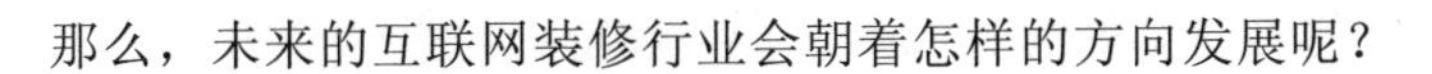

那么，未来的互联网装修行业会朝着怎样的方向发展呢？

◆ 全屋定制模式崛起

步入 2015 年后，互联网装修企业推出了各种各样的装修套餐，有的套餐价格仅 300 元左右，面对大量的装修套餐，很多消费者陷入了选择困境。在资本涌入市场后，商家通过降低产品价格吸引用户是很多行业的普遍做法。不过随着消费需求的不断升级，人们的装修需求变得愈发个性化，标准化套餐产品的局限性日益突出。

在意识到消费需求的转变后，部分商家不再主打标准套餐，而是通过全屋定制吸引消费者。2015 年，索菲亚、丽维家等家居品牌商开始尝试为用户开发全屋定制服务解决方案。

2016 年 6 月 18 日，国内现代整体家居一体化服务供应商欧派推出的首家欧派全屋定制 MALL 在哈尔滨正式开业；2016 年 7 月 17 日，国内领先的家纺企业富安娜推出的首家全屋定制家居店"富安娜 · 美家全屋定制壹号旗舰店"在深圳南山试营业；2016 年，互联网装修品牌极装吉住和京东达成战略合作，共同推出全屋定制装修产品"极 · 健康装修"。

由于绝大多数的互联网装修品牌商推出的装修套餐都是通过低廉的价格吸引消费者，为了控制成本，装修套餐的产品及服务质量相对较低，而且存在严重的同质化问题。而全屋定制服务是对接消费者的个性化需求，商家可以根据消费者的需求准备材料、合理安排施工人员等，在降低库存压力的同时，也提高了企业效率。

◆ 建材供应链一体化

"互联网 + 装修"模式变得火热后，很多上游供应商在已有的渠道商、代理商的基础上，通过与互联网装修企业进行战略合作，而得到一个优质的销售渠道。目前，以科勒、马可波罗、大自然地板为代表的多家上游生产商已经与互联网装修企业达成战略合作。不过，也有部分上游生产商明确表示，自己对很可能会掀起烧钱大战的互联网装修企业不感兴趣。它们更倾向于通过举办各种线上及线下活动提升自身的影响力。

从上游建材生产商的销售业绩角度来看，传统经销商与渠道商能够带来较高的利润，但未来互联网装修企业拥有十分广阔的发展前景。从市场规则来看，上游建材生产商与互联网装修企业的合作会损害传统渠道商与经销商的利益。因为在资本的支持下，互联网装修企业可以不用考虑短期盈利，而是追求市场份额。

但我们知道烧钱补贴的发展模式是不可持续的，甚至会对整个产业带来极大的负面影响。所以，目前的上游建材生产商仍将以传统渠道为主。随着未来互联网装修市场的不断发展，线上渠道的销量可能会超过线下，建材厂商出于遵守市场规则、维护装修产业良性发展的考虑，可能会选择通过强化自身的品牌影响力来增强产品的溢价能力，从而切入互联网装修领域。

不过还有一种可以实现上游建材生产商、传统渠道商与经销商、"互联网 + 装修"企业三方共赢的解决方案，即三者进行战略合作，上游建材生产商确保了产品供应链的稳定性；传统渠道商与经销商在零售门店方面有丰富的资源，保证产品的线下体验及售后服务；互联网装修企业则带来了海量的订单。

1.3.2 跨界布局，装修后市场井喷式爆发

◆ 跨界布局成为常态

2015 年，公装巨头金螳螂、亚厦股份及广田装饰等开始进军装修领域；万科、碧桂园、一德集团等房地产商则通过布局装修领域来完成转型升级；以百度、腾讯为首的互联网巨头最初通过投资的方式切入互联网装修市场，在充分认识到其发展前景后，部分巨头开始选择自己开发互联网装修服务的解决方案。

2015 年 4 月 8 日，国美家居和百合网、东易日盛合作，推出国内首个

3D 线上家居装修电商平台"国美家"；2016 年 6 月 18 日，红星美凯龙在其举办的 30 周年庆典活动上，宣布将推出"1001 战略"，打造一个互联网平台及 1000 座城市家居 MALL（包括自营与委管），最大限度地满足广大消费者的装修需求。

商业巨头的优势不仅体现在资金及品牌影响力方面，其在信息化建设及管理运营方面也具有明显优势，巨头的涌入使"互联网 + 装修"模式的发展变得更具想象空间，对消费习惯培养与提高市场成熟度有较大帮助。但这种跨界而来的巨头也存在一些问题，如专业性问题，其品牌虽然知名度较高，但这不代表其装修产品及服务能够得到消费者的信任，最关键的还是要为消费者创造价值。

宜华木业（2016 年 5 月 30 日更名为"宜华生活"）是布局产业基金的典型代表。2016 年 1 月，金螳螂发起设立产业并购基金，该项基金将用于投资互联网、新材料及建筑装饰领域；2016 年 6 月，广联达与启赋资本进行战略合作，双方共同创建"互联网 + 建筑"产业基金，并投资了 O2O 家居服务商多彩饰家。2016 年 8 月，股权信息交易平台磁斯达克打造大家具互联网化产业基金，并计划投资上海宇邦厨具有限公司 6000 万元。

继 2016 年 8 月 29 日宣布建立国内首支家居商业地产并购基金后，2016 年 9 月 8 日，红星美凯龙又发起了家居行业公益基金——梦基金，据了解，该基金将用于扶持家居设计产业创新、设计资源整合以及相关平台建设。

"互联网 + 装修"模式的资本不再单纯地依赖于 VC，产业基金在装修领域扮演的角色愈发重要，其对上下游产业链诸多环节的完善、推动企业服务升级、扩大企业品牌影响力等具有十分重要的意义。和 VC 相比，产业基金对装修行业的认识更细致、专业，能够给予相关企业较大的帮助，可以将产业内的优质资源整合起来，释放出强大的合体势能，为"互联网 +

装修"模式走向成熟提供强有力的支撑。

◆ 装修后市场成新爆发点

得益于"互联网 + 装修"模式的火热，作为一个垂直细分领域的装修后市场也迎来快速发展期，并出现了神工 007、多彩饰家等行业领先者，创业者与投融资机构对该领域的发展前景给予了高度期望。目前，装修后市场的各家企业提供的产品及服务主要以翻新、维修、局部装修为主。

从购房周期来看，目前装修后市场确实存在旺盛的需求。但这并不代表布局者就一定能够取得成功，最大的问题在于，装修后市场领域的企业想要拓展的产品及服务，在消费者中接受程度较低，而且市场推广存在较大的阻力，在短时间内恐怕难以培养出用户习惯。

此外，由于资本方对硬性指标极为关注，装修后市场创业企业如果满足不了这些要求，可能会面临资金链断裂的风险，而产业基金由于对市场的了解程度更高，所以对创业企业的耐心也相对较高。从创业企业的角度来看，培养用户习惯确实是一件颇为困难的事情，不过装修后市场需求确实庞大，企业需要深度挖掘消费需求，把握目标群体的消费心理，推出真正满足目标群体需求的产品及服务。

1.3.3 自建物流仓储，智能家居逐渐普及

◆ 自建物流仓储

互联网装修企业通过 F2C 厂家直销模式，去除渠道商及经销商等环节，有效控制了成本，为消费者提供了更大的让利空间。但在为用户服务的过程中，由于运输环节效率低下、材料损耗较大，从而出现了工期延长、用户服务体验严重下滑等问题。

为了解决物流环节的问题，部分互联网装修企业开始通过自建仓储物流的方式提升自身的市场竞争力。2016 年 7 月，东易日盛定向增资 7 亿元建设智能仓储物流，其中 5.7 亿元用于打造装修行业供需链智能物流仓储管理平台，1.3 亿元用于建设数字化装修体验系统。互联网装修品牌"我爱我家"

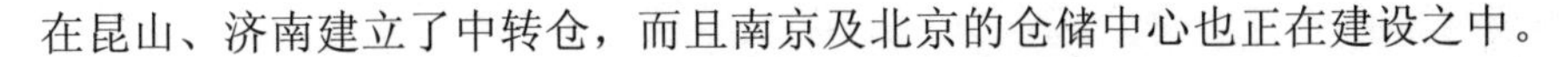
在昆山、济南建立了中转仓，而且南京及北京的仓储中心也正在建设之中。

和传统的物流外包相比，表面上看自建仓储需要耗费大量的人力物力资源，但自建物流仓储后，能够充分确保物流时效，减少运输过程中的材料损耗，更加合理地配置资源等。长期来看，自建物流仓储对企业的发展极为有利，而且也有助于企业打造完善的产业闭环生态。

◆ 智能家居产品逐渐普及

2016 年 9 月 8 日，美的和阿里宣布进行战略合作，共同推出了一款搭载云智能操作系统的美的智能冰箱"OS 集智"；一天后，阿里智能平台和鸿雁电器达成合作，双方将共同打造以智能面板为核心控制终端的智能家居系统；同一时间，TCL 智能家庭和南京物联网传感技术有限公司合作，双方将在优化完善智能家居系统解决方案方面进行资源共享等。

智能家居行业以前所采用的"圈养套杀"模式需要进行调整，虽然智能家居概念普及程度越来越高，但其产品价格对普通大众相当不友好，过高的产品价格阻碍了市场的发展。此外，智能家居产品的功能还有较大的提升空间，现有的智能家居产品难以充分满足人们的个性化需求。

从长期来看，这些问题的解决仅是时间问题，随着智能家居产品功能的不断完善以及价格的不断降低，人们会乐于享受这种高科技产品给生活带来的便利。对互联网装修企业而言，可以将智能家居产品加入定制套餐产品中提升用户体验，从而有效增加产品及服务的增量价值。

"互联网 + 装修"行业闭环生态的构建将实现装修消费一体化，商家能够为消费者提供全产业链服务。当然，这需要企业具有强大的资源整合能力，能够与具备优质资源的上下游企业合作。

2015 年，装修行业迎来蓬勃发展期，创业者疯狂涌入，投融资机构争相布局，以及巨头跨界而来，这都向我们展示出这个市场所拥有的巨大发展空间。2016 年的资本寒冬并没有打消从业者及企业的积极性，反

而让很多企业更加注重对自身的产品、服务、模式等创新。

在这个市场竞争愈发残酷激烈的时代，企业需要积极寻求变革。互联网巨头的加入必定会使互联网装修行业迎来新一轮洗牌，那些依赖价格战的企业将会被淘汰，要想生存下来，互联网装修企业需要打造自己的核心竞争力，并结合上述9种互联网装修产业的发展趋势进行创新。

1.3.4 互联网装修企业的内部整合与布局

随着人们生活水平以及消费观念的不断提升，繁重的工作之余在和谐优美的家居环境中放松身心成为很多人的追求，而装修企业也在朝这个目标不断努力。

近几年，装修企业不断完善自身的工业标准，将设计、施工、售后服务等各个环节细分开来，分别组建专业团队或者交由专业的第三方服务商负责，从而为消费者提供优质的装修产品及服务。那么，在新模式、新方法层出不穷的移动互联网时代，未来的装修行业又会发生怎样的转变呢？如图1-8所示。

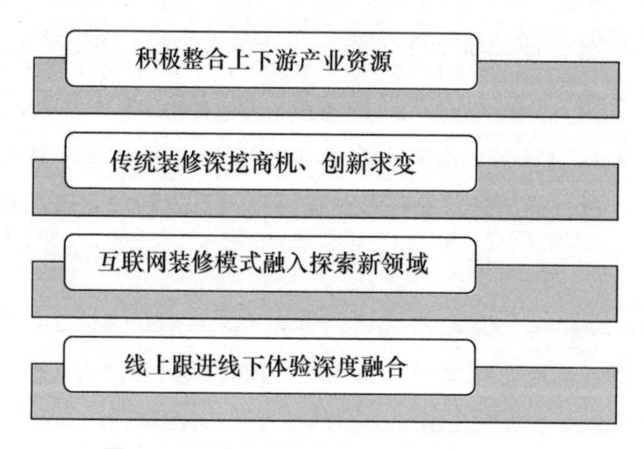

图1-8 互联网装修企业的内部整合与布局

◆ 积极整合上下游产业资源

装修市场出现了各种各样的装修套餐产品和发展模式，为了提升自身的市场竞争力、赢得消费者的认可，各家装修企业进行了诸多尝试。而对上下游产业进行资源整合，为消费者提供一站式装修服务解决方案，成为装修行业的一大主流发展趋势。例如，装修公司和家电品牌商合作，选择这家装修企业的消费者，如果购买其合作伙伴的家电产品将享受更低的折扣与更优质的售后服务，等等。

◆ 传统装修深挖商机、创新求变

虽然装修消费并非是一种高频需求，但其客单价极高，利润也相当丰厚，不过由于传统装修产业链存在过多的中间环节，行业内也出现了层层加价、工期延期、偷工减料、售后服务缺失等行业乱象。不过正是因为传统装修行业存在的这一系列问题，也为企业发掘装修产业的巨大潜在价值提供了重大发展机遇。

以近两年兴起的"云装修"概念为例，云装修是在大数据、云计算及移动互联网等新一代信息技术的支撑下，将传统装修服务过程中的设计、选材、施工、监理及售后服务等诸多环节细分，打破各个环节服务人员之间的利益关系，以外包的形式交由各个环节的专业团队完成，并通过移动互联网和消费者实时交流沟通。

随着互联网在装修行业应用的不断深入，装修平台利用自身强大的资源整合能力，在为消费者提供免费测量及监理服务的同时，也为装修公司引入大量的流量。这种平台方和专业装修公司合作的模式成为装修行业的一种主流发展趋势，由装修企业根据消费者的个性化需求提供定制装修服务解决方案，平台则负责对施工过程及装修质量实时监管。

◆ 互联网装修模式融入探索新领域

"互联网+装修"究竟应该如何落地，很多装修企业对此感到十分困惑，让互联网平台和新一代信息技术驱动传统装修产业完成转型升级绝非是一件简单的事情。

事实上，装修服务信息不透明问题突出，装修环节复杂，装修材料品类也极为丰富，缺乏专业知识与经验的普通消费者很难在这种情况下制定

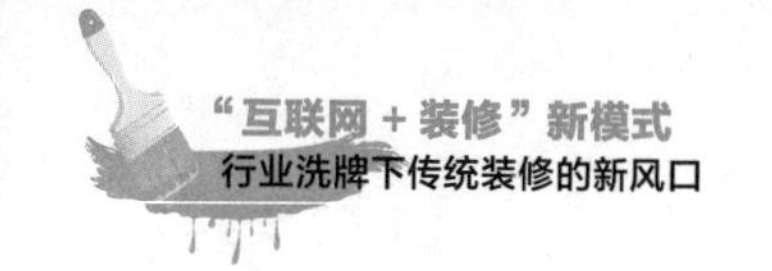

科学合理的消费决策。而创业者的不断涌入、互联网企业的跨界，再加上传统装修企业纷纷布局线上，使装修行业的市场竞争日趋白热化。

从实际情况看，传统装修企业有多年的运营经验，并积累了一定的用户资源，当其业务量足以满足自身发展的需要时，它们通常为了保持现有利润而相对保守，不会主动尝试调整自身，而当意识到自身需要做出改变时，往往已经落后一步。而那些创业者及互联网企业则认识到当前装修行业存在的需求痛点，尝试从一种全新的思路切入装修市场。

以2015年年底创立的百办快装举例，原创始团队在家装、别墅、高端室内设计行业均有十余年工作经验，在家装进入白热化竞争、行业洗牌来临阶段，结合自身经验，着眼于资源可延伸领域——小规模公装市场，这个市场大公司不愿意碰，小公司不具备竞争力。对商业模式雕琢优化后，公司在成立短短数月后便在上海、苏州、北京、青岛四地皆占据行业领先，再一次刷新行业纪录，形成了独具特色的"百办模式"。

◆ 线上跟进线下体验深度融合

借助移动互联网、大数据等新一代信息技术，能够充分帮助广大消费者制定更科学合理的装修消费决策。只需要通过一部接入互联网的智能手机，人们就可以随时随地在平台中获取专业信息资讯。一些能够为消费者提供专业指导及帮助的装修平台，凭借自身拥有的海量用户资源，在与装修服务商谈判时得到了极高的主动权，从而为消费者提供更大的让利空间。

传统装修门店在获取用户需求方面明显处于劣势，它们认为的需求在很多时候并非是消费者的真正需求，更不用说能为消费者带来优质的服务体验。而装修平台则能够分析用户搜索、社交、电商数据等，精准掌握其需求信息，将这些信息提供给线下装修服务商后，能够很好地帮助后者对产品及服务进行优化调整，给消费者带来极致的装修服务体验。这种线上与线下体验深度融合的发展模式也将成为未来装修行业的一大主流发展趋势。

第2章

互联网公装：

引领公装产业链转型升级

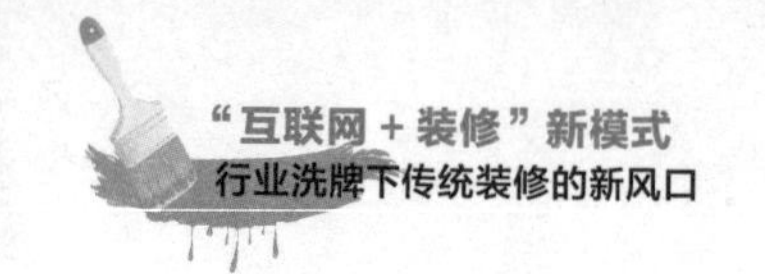

|2.1 “互联网公装”：互联网思维下的办公装修变革|

2.1.1 互联网公装的主要发展趋势

大约从20世纪90年代开始，我国装修行业开始发展；2000—2008年，装修产业进入了井喷期，大批装修公司崛起。2008年，受国际金融危机的影响，一大批小型装修公司倒闭，存活下来的装修公司开始大打价格战，发展装修周边业务，使小型装修公司的市场份额越来越小，所获利润越来越少，呈现出行业集中化、产业整合化的趋势。

在各种装修业务中，办公室装修是一项非常重要的业务。随着互联网的发展，办公室装修与互联网结合在一起，表现出三大发展趋势：一是全产业链化成主流趋势，二是由传统的工程承包商转向综合服务商，三是互联网公装设计的五大变化，如图2-1所示。

◆ 全产业链化成主流趋势

随着公装行业的竞争愈演愈烈，所有装修公司都在朝降低运营成本、拓展市场份额这个方向努力。在环保、智能、低碳等新装修理念不断兴起的背景下，过去只负责设计、施工的传统装修公司难以满足市场发展需求，产业单一化的装修公司由于产业结构链太脆弱极易被市场淘汰，所以在未来，装修公司将朝全产业链方向不断发展。

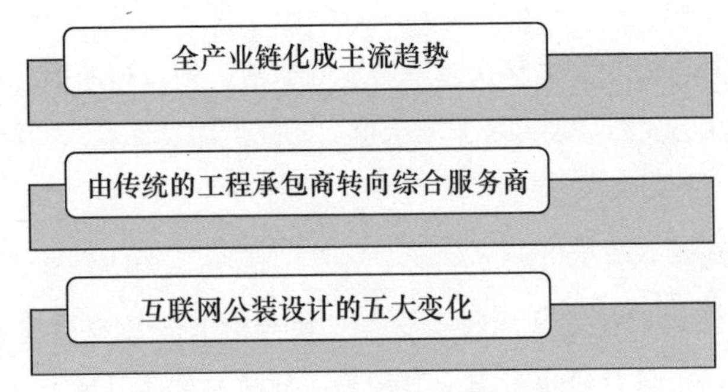

图2-1　互联网公装的主要发展趋势

全产业链化指装修公司参与装修工程的各个环节，包括建材设计与制造、工程设计施工、办公家具的设计与制作、办公环境检测与治理、智能化办公设备的设计与制作等，凡是办公室装修涉及的环节，装修公司都应有令人信服的合作公司，为用户提供优质的装修服务，以在竞争激烈的公装市场占据优势。

◆ 传统工程承包商转向综合服务商

装修完工意味产品进入使用阶段，要开始接受质量检验。随着公装市场的竞争愈演愈烈，装修企业的身份将发生巨大改变，摒弃原先工程承包商的身份，朝综合服务商转型发展。具体表现：原先用户自己选材或监督装修公司选材将发展为装修公司全包，另外，装修公司还要负责一系列硬件设施的选择、设计与施工，如办公家具、空调地暖、办公设施等。在这种情况下，装修公司的服务就表现出多样化的特点，简单来说就是从传统的工程承包商朝综合服务商转型发展。在该趋势下，装修公司必须强化其产业结构，完善其装修产业链，优化物流配送及施工售后服务。

◆ 互联网公装设计的五大变化

过去，公装只是简单的规划施工；现如今，公装已成为一项具有美感的工作。在这种情况下，办公室设计发展趋势成为人们关注的焦点，具体

来看，公装有五大趋势，分别是精品化、开放化、专业化、多样化和生态环保化。

（1）精品化

过去粗放式的办公室设计变得越来越精细，创造精品成为设计师的最高追求。精品不仅能增加办公室的价值，还能增加设计本身的价值。

（2）开放化

办公室设计市场越来越开放。近年来，越来越多的国外建筑师进入我国，国外的建设设计理念也随之进入，使我国的装修市场爆发出巨大的活力，当然，市场竞争也变得愈发激烈，建筑装修设计水平大幅提升。

（3）专业化

办公室装修设计专业化包含了三大内容，分别是智能化系统设计专业化和室内装饰设计专业化和室外环境设计专业化。其中办公智能化又包含了三大类型：分别是一星级，也就是普及型；其次是二星级，也就是提高型；最后是三星级，也就是超前型。

（4）多样化

在经济迅速发展，人们的需求越来越多样化的背景下，办公室装修设计从单纯的平面设计发展成三维空间设计，主要表现为室内不同的层高设置，如错层设计、跃层设计、高层空间设计等。

（5）生态环保化

办公室的生态环保设计涵盖了四大系统，分别是绿化种植系统，太阳能、风能、水源二次利用等节能系统，产品材料系统，水污染、噪声污染、粉尘污染、光污染等污染防治系统。

2.1.2 互联网公装崛起的主要因素

在被互联网改造的传统行业领域，公装 O2O 是最后一块大型商业服务领域。在千变万化的市场上，重服务、重运营的公装 O2O 在不断发展进化。

近年来，秉持用户思维的互联网公装迅速崛起，继中介模式之后，该模式成为公装 O2O 的主要发展方向。有人认为，互联网公装只是一个概念，其本身并不存在。但是现如今，公装 O2O 却表现出一种现象：借助互联网思维，利用互联网工具对传统办公装修进行改造，使装修企业在装修过程遇到的难点、痛点得以解决，大幅提升装修体验。对于这种现象，用“互联网公装”对其进行概括或许并不准确，但从目前的情况看，这个词却是最合适的。

“互联网公装”与“互联网思维”都是曾饱受争议的词汇。但是生产关系是由生产力决定的，互联网的技术性特征会对其在商业层面的逻辑产生一定的影响，这种逻辑关系就是互联网思维。换句话说就是，“互联网思维”一词只对这种关系做出了描述，“互联网公装”也是如此，只是描述某种现象而已。

如果对互联网公装做更加准确的解释就是互联网公装是以“互联网 +”为背景，借助互联网思维，利用互联网工具，以去中介化、标准化、去渠道化的方式对传统办公装修的产业链进行优化整合，提升用户的装修体验，提高公装的性价比，使办公室装修更加简单、精致、透明。

互联网公装可以被视为升级版的公装 O2O，是一个从平台模式发展为用户模式的一站式产品。互联网公装的崛起原因可以从宏观与微观层面分析，具体来看，其原因有 3 点，如图 2-2 所示。

（1）“互联网 +”的改造

公装行业存在的一些基因注定其要被互联网改造，这些基因有产值大、用户体验差、ARPU（Average Revenue Per User，每名用户平均收入）值高等。之所以在过去很长一段时间都没有被互联网改造，只是因为时机未到。近两年，互联网思维盛行，互联网工具日益成熟，推动互联网公装迅猛发展。尤其是在国家层面“发展 O2O 线上线下互动消费”的鼓励下，互联网更是加速了对传统公装行业的改造。

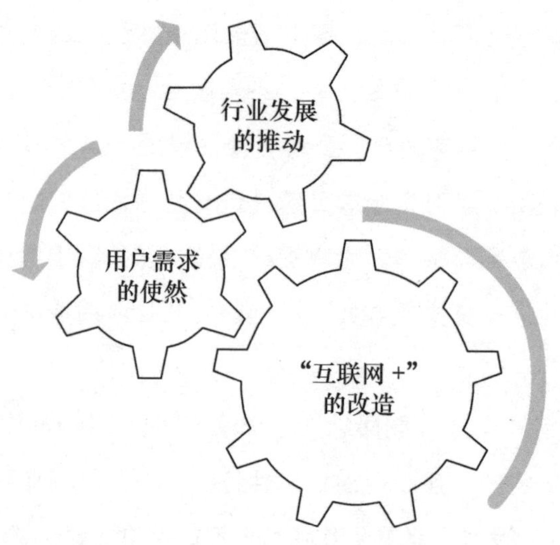

图 2-2　互联网公装崛起的主要因素

（2）用户需求使然

公装行业的规范度比较低，产品十分复杂，存在诸多问题，如信息缺失、信息不透明、消费体验差等。再加上一二线城市的生活节奏比较快，人们对一站式、高性价比的公装产品的需求越来越强烈，在这种情况下，互联网公装应运而生。

（3）行业发展的推动

公装 O2O 前期采用的是中介模式，平台将用户、设计师、施工队、建材供应商联系在了一起，对分散在公装链条上的各种资源进行整合。由于不同的平台其模式、运营方式、财力有很大的不同，资源整合力出现了很大的区别，从资源方面为一站式装修产品提供了有效的保障。

2.1.3　互联网公装面临的发展瓶颈

现阶段，有些互联网公装企业活跃在样本市场上，有些互联网公装企业在布局全国市场。但无一例外，所有互联网公装企业都遇到了发展瓶颈，如产业链优质的资源的争夺、管控供应链与施工监理、搅局传统装修“半进化”、硬装入口后续盈利模式的挑战等。

（1）产业链优质的资源的争夺

作为公装O2O的一种形式，互联网公装产业链的优质资源遭到了各大平台的哄抢争夺，如各装修信息网站平台、家居建材团购平台、设计师平台等，使互联网公装企业无法在一定的成本内对高质量资源进行有效整合。当然，如果某些互联网公装企业早已占据一些资源，那么它的发展会非常顺利。

（2）管控供应链和施工监理

复制产品非常容易，但复制供应链管控与施工监理方式则非常困难。无论标准化做到何种程度，供应链管控与施工监理工作都是要由人来完成的，而在短时间内，施工人员与监理人员的职业化问题难以解决。

具体来看，办公室装修的施工方式有两种：一是自有工人施工，采用这种方法的企业能对施工过程进行标准化管理，但是前期的运营成本会很高；二是雇佣工人施工或直接与工长合作施工，其管理成本比较高，随着接单量的增加，其边际成本也会逐渐增加。

（3）搅局传统装修“半进化”

有的传统装修企业打着互联网公装的旗号扰乱市场，破坏行业口碑，影响互联网公装在消费者心目中的形象，使互联网公装难以实现持续发展。

（4）挑战硬装入口后续盈利模式的挑战

现如今，大部分互联网公装企业都在借硬装抢夺流量入口，使硬装利润大幅降低，甚至有的互联网公装企业为了尽快启动市场，将硬装利润降到零。在这种情况下，互联网公装企业要想扩张，就必须借助资本的力量，那些迅速扩张的互联网公装企业也许在两年内就完成了D轮融资。在这种情况下，企业的后续盈利就成了最大的问题，有些企业宣称要从家具、软装、智能家居领域寻求利润突破，但这只是计划而已。更惨烈的是，这个市场上有很多实力强大的跨界竞争者，如国美、京东、海尔、天猫等，在这种形势下，互联网公装企业必须提前设计好自己的盈利模式。

2.1.4 互联网公装的六大运营策略

（1）3D 云设计化抢夺设计主导权

互联网公装要想通过与智能家居、家具、软装对接提高客单价，必须以设计一体化为前提，只有这样才能使产品的整体销售力大幅提高。要想做到这一点，就必须对硬装设计、软装设计与家具设计进行整合，而整合工作的实现必须依赖 3D 云设计。在 3D 云设计的作用下，用户虚拟体验会更加真实。整个工作的开展涉及两大工作内容：一是技术开发，二是设计资源整合。要想做好这两项工作，企业必须拥有独到的战略眼光。

（2）产品标准化快速复制

对互联网公装产品来说，产品标准化快速复制是主要特征，也是公装行业未出现龙头企业的主要原因。公装产品标准化带来的最大好处就是用户只须报出装修面积，企业就能快速给出装修预算，方便快捷，还能节省装修成本。虽然产品标准化有诸多好处，但为了满足用户的公装需求，还要综合考虑用户的个性化装修需求，利用大数据对用户需求归类，然后再实现标准化。

（3）营销口碑化降低成本

塑造良好的口碑是降低营销成本的核心做法，如果某产品没有进行口碑传播，就不能被称为互联网公装产品。当然优质的产品是前提，另外还要擅长利用粉丝与社区传播内容。

（4）供应链及监理本地化管控质量

互联网公装的本地化属性非常强：首先，由于各地区居民的民俗习惯及审美方式不同，人们会在装修设计、软装、家具等方面提出一些不同的要求；其次，互联网公装企业要针对建材构建本地化的供应链，在某些情况下，一些全国性的品牌在当地不被认可，为了迎合当地居民的喜好及价格需求要重新筛选建材；最后，在监理验收时，虽然用户能通过一些社交工具查看设计方案，但项目经理登门拜访会极大提高用户的满意度。总之，

受产品属性的影响，互联网公装企业必须重视运营，做好运营工作。

（5）管控移动化解决数据通路

凡是 O2O 企业都会遇到这个问题，互联网公装这种运作流程既复杂又烦琐的行业更是如此，解决这个问题的关键就是智能软件的移动化应用。互联网公装企业最好在发展阶段就做好这方面的布局，否则将产生不可预估的后果。

（6）工人职业化改变行业生态

装修工人职业化能使整个装修行业的生态得以改变。一般来说，在装修中可以控制主材和辅料的配置和质量，也能实现很好的设计，但最难改变的是装修工人，因为装修工人在工作中充满了不确定性，工人素质的提高需要职业化培训。

实现装修工人职业化一定会给产业链带来巨大的冲击，改变行业规则，推动行业实现标准化，使行业效率大幅提升。那么装修公司到底该建立工长合作制还是自养工人呢？装修企业要根据自己的实际情况决定，即便是工长合作制，工人的收益也能大幅提升。

现如今，互联网公装已迎来风口期，谁能借势起飞成为行业的领跑者，就看谁能借资本的力量迅猛发展，为用户带来优质的体验，为产业链上的各个环节带来更大的收益。

2.2 智能公装：科技智能时代的公装行业新机遇

2.2.1 智能公装：互联网公装的新机遇

随着智能科技的快速发展，以“智能”为特色的产品与行业数量也不断增多，如利用大数据技术实现的智能推荐、将人工智能与自动控制系统相结合的智能汽车以及更符合人们视觉体验的智能电视等。近年来，公装

行业也开始向智能化的方向发展。随着互联网公装的深入发展，智能科技在公装行业的渗透作用也逐渐显露出来。

近几年，越来越多的互联网公装领域的业内人士提及有关"智能"的词语，如智能设计、智能化效果呈现、智能化测量等。由此可以推测，智能公装是互联网公装未来的发展趋势，换个角度分析，这也体现出目前的互联网公装行业在发展过程中存在一些需要解决的问题。

虽然互联网公装从最初诞生，到后来兴起，再到之后进入爆发期，但从本质层面分析，互联网与公装领域并没有实现融合。以百办快装、巨米980、芸装为代表的互联网公装企业的发展，也反映出整个互联网公装行业的探索历程。

尽管我国的互联网公装企业抓住了"互联网 +"的发展机遇，吸引了投资者的目光，但现代公装与传统公装行业之间并未出现清晰的界限，部分环节还存在用户体验不升反降的情况。例如，尽管企业采用远程监控系统，但施工环节仍然存在许多偷工减料、滥竽充数的现象；尽管企业实践了 F2C 供应模式，但消费者要采购物料，仍然需要经过许多中间环节才能联系到生产企业，消费者在建材方面的成本支出也逐步提高；公装设计方案与最终的效果呈现也未能统一，消费者的很多需求仍然得不到满足，等等。立足于本质层面分析，出现这些问题的原因是互联网与公装行业未实现深度结合。

在互联网公装行业的发展过程中，技术应用带来的推动作用十分有限。技术对互联网公装行业的影响都停留在浅层次上，引进先进技术的互联网公装也并未体现明显的发展效果。

虽然通过网络渠道进行物料供应，为消费者与工厂之间的直接沟通提供了支持，但在实际执行过程中，因为在供应链、物流等诸多环节存在许多限制性因素，互联网公装的供应链与传统供应链相比依然大同小异。公装设计的改变也不明显，虽然互联网公装公司在应用先进技术的基础上能够共享内部的设计方案，为用户寻找各式各样的设计方案提供了便利，但公装公司上传到网络平台的设计方案依然无法满足用户的个性化需求，对用户装修提供的指导作用也十分有限。因为存在许多这样的问题，用户并未察觉互联网公装与传统公装之间的明显区别。而出现这种情况的原因就在于，技术应用未对互联网公装产生深刻的影响。

互联网公装没有从传统公装中脱离出来，技术对互联网公装的驱动作用十分有限，在很大程度上归因于传统公装行业的本质未改变，装修环节存在的许多问题仍然未得到解决。以电商的兴起为例，从反面来分析这个问题。当互联网的发展对人们的消费行为及消费习惯产生深刻影响时，电商便应运而生。电商经营者通过在线上渠道开展运营，满足消费者的购物需求，使用户享受与传统方式存在明显区别的消费体验，并给传统销售模式带来了颠覆性的改革。

虽然互联网与公装都呈现出新的特点，但这种改变是发生在互联网及公装两个领域中的，两者的连接却仍然停留在传统模式下。从根本层面分析，互联网与公装之间是各自独立的。对公装行业而言，互联网是其标榜自己的元素；对互联网行业而言，公装则是其发挥作用的实验对象。因此，互联网与公装之间并未实现深度结合，也就无从给用户提供全新的体验。

2.2.2 场景智能：为用户提供全新体验

由于互联网公装的发展并不成熟，该行业也并未带来不同于传统模式的用户体验。换个角度说，今后的互联网公装行业仍然有很大的发展空间。随着智能科技的快速发展及普遍应用，互联网公装行业的发展潜力进一步提高。那么，智能科技将如何推动互联网公装行业的发展？互联网公装的改变将体现在哪些方面？

在智能科技的推动作用下，互联网与公装行业将实现深度融合。因为互联网在公装领域缺乏清晰的定位，两者之间并未融为一体。如今，互联网在越来越多的领域被普遍应用，伴随着信息技术的持续发展，互联网会成为公装行业内各个环节的标配，与此同时，智能科技将给公装行业带来

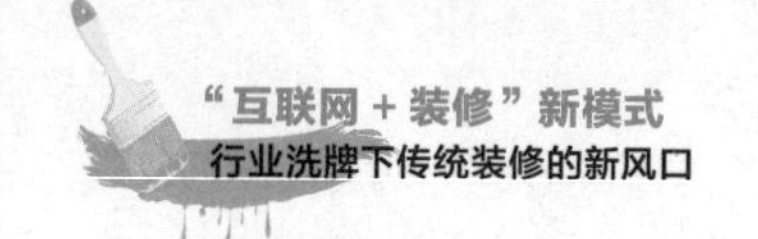

深刻的影响，提高该领域的智能化与现代化水平。

应用先进技术开发出来的设计工具、装修工具等设备能够大大增加公装行业的智能化元素，推动整个领域向智能化方向发展。在这里需要明确的一点是，从技术应用层面分析，智能公装与互联网公装之间存在明显的区别。智能技术能够渗透到公装行业的各个环节，实现公装行业与技术的深度融合，使智能公装以独立的姿态呈现在市场上。

智能技术的普遍应用能够使互联网公装的发展趋于生活化。目前，互联网公装是用户的消费选择，而这种消费选择还存在许多需要完善的地方。在智能科技时代下，用户会将互联网公装视为生活的重要组成部分，届时，对消费者来说，互联网公装将体现为系统化的产品，而不是彼此之间相互独立的产品个体。

作为系统化的产品，互联网公装能够为传统公装存在的设计偏差、施工效率低等弊端问题提供完善的解决方案，让互联网公装成为人们生活中的一部分，消费者能够选择自己喜欢的产品及设计，无须担心装修过程中会出现其他问题，为消费者提供满意的产品与服务，使互联网公装产生颠覆性的改变。

在智能时代，互联网公装将呈现全新的面貌。虽然人们对互联网公装有各式各样的需求，但消费者的体验也反映出该行业存在的诸多问题，为了从根本上解决互联网公装的所有痛点，只能对现有的互联网公装彻底改革，使互联网公装从传统公装行业中完全脱离出来，为消费者提供全新的体验。

互联网公装涉及多个领域，包含多个环节，而在智能科技的影响下，互联网与公装行业会在所有环节实现深度结合，互联网公装的核心价值体现也将从以往的场地装修转向其他方面。随着变革的进行，互联网公装将呈现全新的面貌，最终变成人们的一种生活方式。

综上所述，经过一段时间的发展，互联网对公装行业的渗透作用仍停留在浅层次上，说明互联网在推动公装行业转型过程中发挥的作用十分有限，也说明互联网公装行业仍然存在很大的发展空间。在智能科技时代，公装行业将在技术推动作用下实现与互联网的深度结合，互联网会成为该行业的标配，智能科技的渗透作用也会更加明显，届时，互联网公装才能从根本上脱离传统模式，以全新的姿态出现在市场上。

2.2.3 智能公装模式落地要解决的痛点

过去，在“互联网+”迅猛发展阶段，互联网公装呈现出激进发展之势；现如今，人们发现互联网公装并没有解决传统公装存在的问题，设计不合理、施工无序、监管无效等公装问题依然存在。于是，人们对互联网公装的热情随之减退，互联网公装的发展速度开始放缓。面对这种情况，有人认为互联网公装是一个伪命题，有人认为互联网公装就是传统公装，二者没有什么区别。归根结底，智能公装模式要实现真正落地，必须要解决以下三大痛点，如图2-3所示。

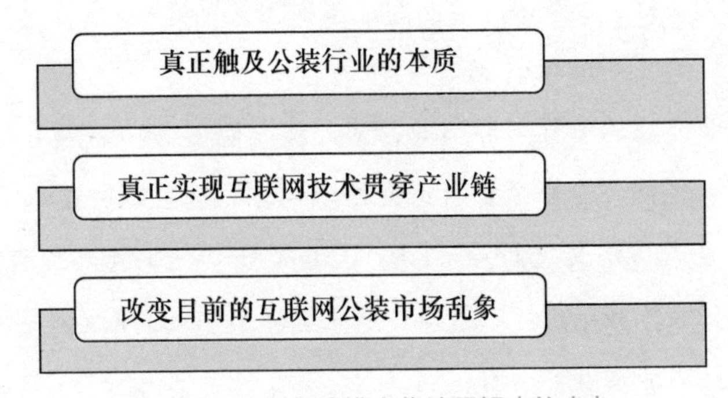

图2-3 智能公装模式落地要解决的痛点

◆ 真正触及公装行业的本质

借助互联网技术，以整合的方式解决传统公装存在的问题是互联网公装的显著特征。但是，互联网工具毕竟属于外部工具，难以精准地把握公装行业的病根，自然难以从根本上解决公装行业存在的问题。并且，互联网工具关注的仅是如何应用的问题，很难精准把握应用结果。

近年来，随着互联网公装的发展，人们发现公装行业与互联网技术的

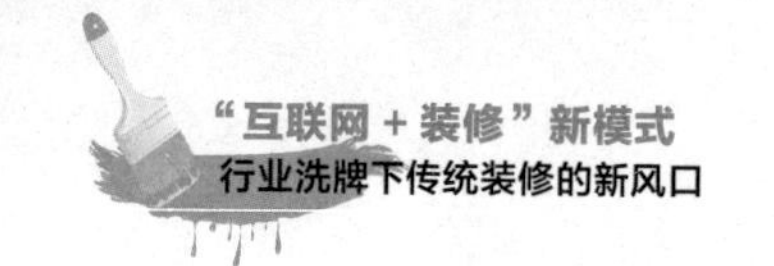

结合存在各种问题。例如，设计师使用360°全方位测房工具测量房屋，但所获取的数据过于机械而无法使用，不得不重新到现场手工测量；使用IBM系统视图整合图纸，虽然能提高设计效率，但无法满足用户多样化的需求，不得不重新设计装修方案；借互联网技术构建起来的装修材料物流体系无法满足每一个装修现场的需求，导致装修材料不得不重新采购，等等。

在互联网公装应用的过程中，这样的案例比比皆是。虽然在互联网公装模式下，互联网与传统公装产生了一定的联系，但这种联系并不深入，未能真正影响传统公装行业，用户面临的公装问题不仅没有减少，反而越来越多。

该问题产生的根本原因在于：互联网与传统公装行业仅是浅层次的融合，互联网技术没有深入公装领域，没有触及公装行业的本质，无法从根本上解决传统公装行业存在的问题。甚至在某些情况下，互联网技术与传统公装行业强行结合还产生了很多反作用。面对这种情况，互联网公装必须借助新技术、新手段解决当前问题，实现蜕变发展。

◆ *真正实现互联网技术贯穿产业链*

公装行业涉及的流程与环节非常多，使其深受关注，因为在如此之长的产业链中，任何一个环节都有可能出现问题。而互联网技术的优势在于能从某个点切入改造传统行业，却无法贯穿整个产业链来改造传统行业。更何况，在公装领域，设计、材料、施工等环节出现的问题早已根深蒂固，仅凭互联网技术是难以解决的。

事实上，并不是所有行业都可以借互联网技术进行整合，只有那些上下游元素单一、模式标准的行业才有可能借互联网技术实现整合，这些行业显然不包括公装行业。公装行业活跃着多个主体，如甲方（用户方）、设计方（设计师）、施工方（工人）、建材商（材料供应商）、监理方（监理单位）人员等，这些主体之间存在很多问题。例如，设计师的设计方案与建材商提供的建材不匹配；施工人员与监管人员私下交易，监管人员放松监管；设计师提供的设计方案与用户需求不符，等等。仅凭互联网技术，这些复杂、烦琐的公装问题根本无法被解决。

◆ 改变目前的互联网公装市场乱象

随着“互联网+”的发展，大量资金涌入“互联网+”领域，互联网公装也没能避免。在这些资本的助力下，互联网公装确实实现了快速发展，但由于资本短视、盲目追求流量与速度，互联网公装在发展的过程中出现了诸多问题，并没有达到预期效果。

在资本的推动下，互联网公装市场乱象纷生，广大用户的利益严重受损。互联网公装是一个注重用户体验的行业，如果没能为用户提供优质的产品与服务，仅以形式化的改变吸引资本关注，依然采用流量变现的旧方法，将使用户受到极大的伤害。

如果仅将互联网公装视为一种吸引用户、开展营销的口号，不切实际地改善用户体验、满足用户需求，那么互联网公装最终沦为一场闹剧。如今繁华的互联网公装市场完全是资本堆砌出来的，待资本冷却、繁华散尽，用户依然面临各种公装问题。在互联网公装无法改善用户装修体验的情况下，一场新的公装革命就会来临。

总之，在互联网技术未与传统公装深入结合，未触及行业本质、破除行业壁垒；传统公装行业问题根深蒂固，互联网技术无法施展；大量资本涌入、互联网公装乱象纷生、用户利润受损这三大原因的影响下，互联网公装亟须一场新的变革来消除行业痛点，推动行业呈现崭新的发展局面。

在这种情况下，智能科技时代的来临为公装行业的变革发展提供了一个全新的方向。随着物联网及人工智能的发展，以此为基础发展起来的场景化应用让智能家居备受期待。未来，随着公装场景智能化生态体系的构建，人们或将迎来一个智能装修新时代。

第3章

模式进化：

颠覆传统装修模式的创新思维

| 3.1 模式设计：国内外互联网装修模式探索与实践 |

3.1.1 国外互联网装修商业模式与案例实践

传统装修产业存在众多问题和痛点，但其本身的长链条、多环节、复杂性和专业化特质又导致其难以实现标准化、规范化发展。不过，在“互联网＋”蓬勃发展的大势下，互联网对传统装修产业的渗透、融合、变革已成必然，这为装修领域的发展转型提供了方向指引。

2015年年初，小米创始人雷军旗下的投资团队顺为资本领投了装修互联网公司“爱空间”的A轮6000万元融资，“小米装修”由此走入大众视线，并引发了市场和资本对“互联网＋装修”的高度关注。传统装修行业虽然存在诸多痛点，但从另一角度看这未尝不是给“互联网＋装修”提供了巨大的想象空间。

★ 传统装修领域的行业集中度低，呈现为充分竞争状态下的大行业、小企业格局，这种行业特征为互联网公司的介入和发展提供了有利环境；

★ 装修服务处于房地产行业产业链的下游，虽然国内房地产行业增速趋缓，但在“增量+存量”双重需求的推动下，装修行业在未来不短的时间内仍将保持强劲的发展态势，成为“互联网+”拓展布局的最佳方向；

★ 各地不断出台的房产新政策在规范房地产市场发展的同时，也让被长期忽视的地产上下游行业受到更多关注，这将为装修产业带来更多资本支持。

互联网对各个行业领域的不断渗透融合推动了传统装修服务向互联网装修模式的转型升级。下面我们首先对国外互联网装修的主要模式进行分析，以美国的装修市场为例：一方面，美国并没有国内所谓的“毛坯房”，地产开发商要按照初次购房者的意愿进行设计硬装后才能交房，因此与国内装修市场相比，美国用户对全包硬装的需求很少；另一方面，美国的住房面积通常很大，在个性化设计方面有更多、更高的需求，设计师的设计费用在整个装修支出的比例较高。

总体来看，美国互联网装修服务模式主要是通过搭建相关平台，实现设计师、工人与用户的高效直接对接，市场中的二次小额改造需求很多。

（1）Porch：撮合工人与用户的平台

2012年上线的装修O2O平台Porch通过直接对接用户和装修人员，既满足了用户的高品质装修需求，又拓展了装修人员的推销渠道，带来更多的成交量，如图3-1所示。

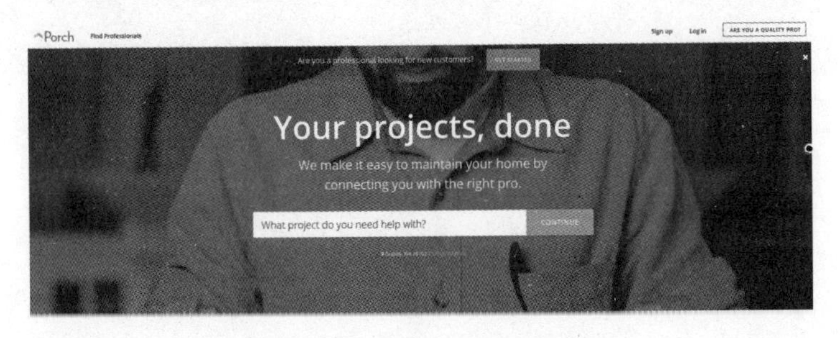

图3-1 Porch互联网装修平台

Porch 通过多种方式吸引大量装修人员进驻平台，以保证用户可以在平台数据库中找到合适的装修人员；平台会基于用户定位，通过数据检索等智能化手段为用户推荐附近的优秀装修人员，提高成交率；此外，用户还可以在该平台中查看附近其他用户选择的装修人员及装修效果图，根据其他用户的评价和推荐选择中意的装修人员。

Porch 平台所具有的社交属性和 LBS（Location Based Services，基于位置的服务），充分满足了美国用户的个性化装修需求，并通过用户与装修人员直接、精准的连接大大提高了装修成交率，既帮助用户快速找到合适的装修人员，也使装修从业者获得更多订单。

（2）**houzz**：撮合设计师与用户的平台

houzz 是一家专注于为高端社区提供装修风格建议的公司，吸引了大量室内设计师和室内设计爱好者在平台交流经验、分享图片，当前已有 2.5 万多名设计师上传了超过 20 万张室内设计图片。用户可以在 houzz 上获得很多优秀设计师创作的高质量文章以及产品推荐，并按照装修风格、房间类型和地理位置等不同分类创建自己的"梦想相册"，如图 3-2 所示。

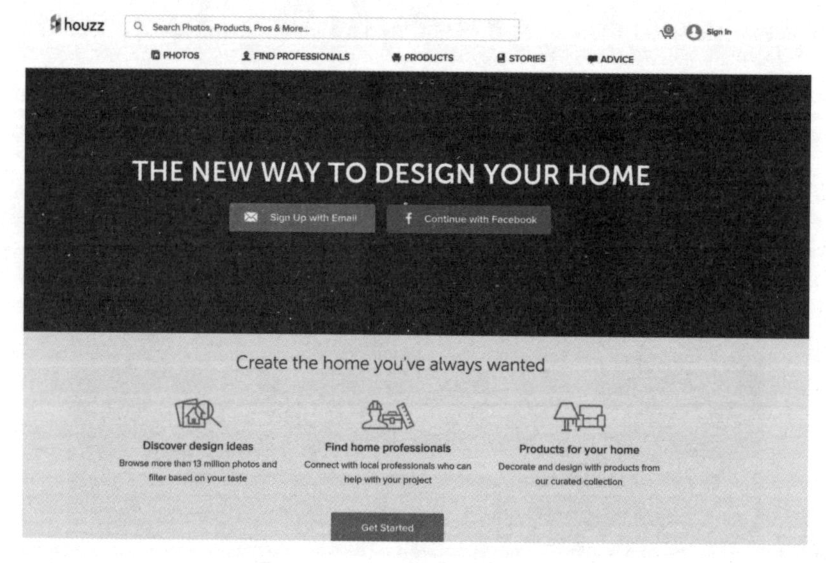

图 3-2　houzz 互联网装修平台

如此，houzz 实现了设计师与用户的直接连接交互，用户可以一边浏览室内设计相关的杂志、文章、图片等内容，一边向平台的设计师提问咨询，甚至在遇到中意的设计师时直接聘请他们为自己提供室内设计服务。

（3）SWEETEN：用户自主发布需求，平台分析数据后设计方案并推荐工人

2014 年 6 月上线的装修工程交易 O2O 平台 SWEETEN，其运营模式是首先让用户将需要的装修、装潢或维修工程等服务信息发布到平台，SWEETEN 对这些信息进行数据分析处理后推荐给众多装修服务承包商、工人和设计师，让他们根据用户需求制定服务方案并在平台参与竞标，成功获得用户订单的承包商或设计师则要向 SWEETEN 平台支付 1.5% ～ 3% 的佣金，如图 3-3 所示。

图 3-3　SWEETEN 互联网装修平台

（4）Zillow Digs：房地产垂直资讯门户切入装修领域

Zillow 是免费的在线房地产垂直资讯网站，主要为用户提供购房、住房、装修、抵押贷款、出售和租赁房屋等多种房地产服务。2013 年，该网站推出了装修分享平台 Zillow Digs，如图 3-4 所示。

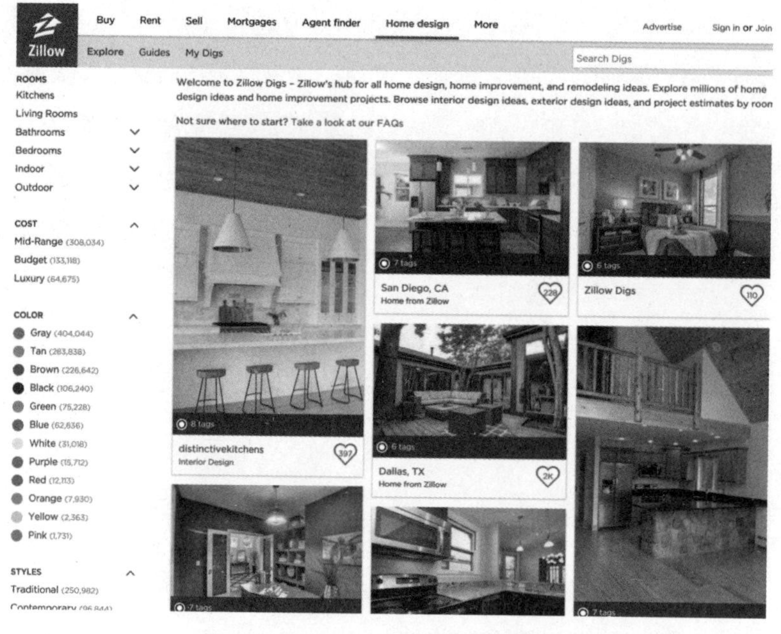

图 3-4　Zillow Digs 互联网装修平台

Zillow Digs 允许用户创建、保存与分享装修图片和大量想法，并通过浏览、评论其他用户分享的图片或内容找到有同样装修诉求的用户。此外，Zillow Digs 还会帮助用户估算装修成本，并通过展示建筑空间中的建筑师、承包商、设计师，让用户找到合适的装修服务人员；若用户中意的设计师、建筑师或承包商不在本地，Zillow Digs 还会根据用户喜好向他们推荐本地最合适的装修专家。

3.1.2　国内互联网装修商业模式与案例实践

美国互联网装修的主流模式是将设计师、工人与用户直接对接，以此满足用户的高品质、个性化装修需求。与此不同的是国内用户拿到的新房多为毛坯房，在全包硬装方面有更大的需求。此外，在美国互联网装修中，设计师是重要的创收来源，而我国多数互联网装修平台都将“免费”设计作为吸引用户的重要手段，盈利方面则多是通过建材、家居电商以及收取装修公司会员费等方式实现。

总体来看，当前国内互联网装修行业的商业模式主要包括以下 4 种，如图 3-5 所示。

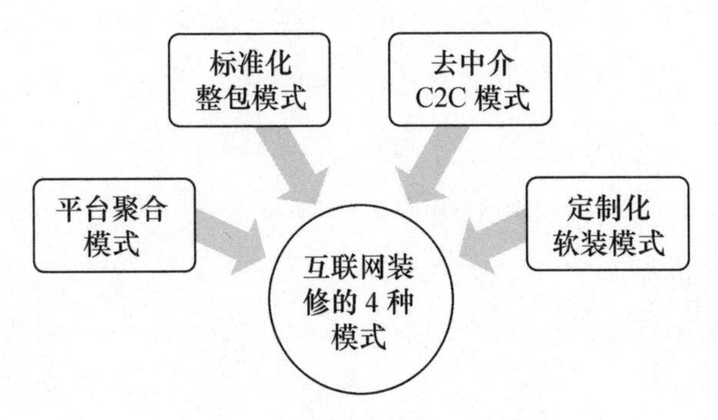

图 3-5　互联网装修的 4 种模式

（1）平台聚合模式

如齐家网、土巴兔、土拨鼠等，其运营模式是将众多装修公司聚合起来，直接与用户对接，从而使装修公司获取更多订单，用户也可以更好地选择合适的装修服务提供商。

（2）标准化整包模式

以小米投资的“爱空间”和海尔集团投资的“有住网”为代表。2015 年年初，小米对“爱空间”的战略投资让“小米装修”和标准化整包模式进入大众视线。小米在装修行业的布局复制了其在智能手机市场中成功的互联网模式，以 699 元 / 平方米的超低价战略切入装修市场，颠覆了之前互联网装修的主流平台模式，既不赚取装修公司会员费，也不以建材和家居电商创收。

深层来看，小米等互联网公司跨界进军互联网装修市场，它们关注的重点其实不在硬装本身，而是互联网装修服务的入口价值，希望借助“免费”硬装占据未来的家庭服务入口，为其他互联网产品和服务变现奠定基础。正因如此，这种超低价标准整包模式才会引起互联网装修行业的高度关注和热议。

（3）去中介 C2C 模式

以新浪装修抢工长平台为代表，一方面通过直接对接工长与用户去除中介环节，降低用户装修成本；另一方面借助大品牌背书、互联网透明化监管、第三方支付平台及工程保险等多种方式充分保障用户与工长的利益。

用户在“抢工长”平台上与新浪家居工长直接交流沟通，建材、施工价格等完全透明；双方达成交易后，签订工长、用户、平台三方协议，承诺基础工程保障2年、隐蔽工程保障5年；同时，“抢工长”平台代管30%的装修工程款，用户验收满意后再支付给施工方，从而大大降低了用户对装修质量的担忧。

（4）定制化软装模式

以尚品宅配为代表，作为一家典型的“C2B+O2O”家具企业，尚品宅配在国内最先提出数码定制家具的理念。2007年开始，该公司通过收集大量楼盘数据信息搭建“房型库”系统，将各种户型分解为100多种客厅与70多种房间布局，充分满足了用户在装修风格方面的多元化诉求；之后，尚品宅配又建立了产品库、设计库，并将两者与“房型库”打通，为用户提供“设计、产品、房型”三位一体的装修解决方案。

3.1.3 有哪些国内上市的互联网装修企业

◆ 传统装饰建材公司

从采购环节来看，公装公司比装修公司的采购量大、议价能力强、采购成本低，因此具有明显优势，更容易切入互联网装修市场，如金螳螂、亚厦股份、宝鹰股份、洪涛股份等公装公司都已在互联网装修领域布局。

（1）金螳螂

金螳螂线上借助与天猫平台的战略合作关系，获取大量流量；线下则通过搭建体验中心以及在全国招募加盟商的方式，打造并不断拓展城市运营服务商网络。体验中心负责接单并为用户提供设计和选品服务，城市运营服务商系统则负责相关的安装与售后服务；采购方面则利用跳过中介环节的F2C模式，为用户提供更多低价优质的产品；报价上，金螳螂天猫装修E站采用一口价模式，有效避免了装修过程中的各种增项费用。

（2）亚厦股份

作为国内建筑装饰行业的领跑者，亚厦股份旗下的互联网装修平台“蘑菇+”能为用户提供四维数字体验，并通过“硬装+软装+家具+家电”一体化整包套餐解决方案，为用户带来更好的整体装修体验。

（3）宝鹰股份

宝鹰股份旗下的“我爱我家网”是2003年上线的垂直类装修资讯平台，通过提供大量的装修知识与资讯，聚合大量有装修需求的用户，成为重要的装修交流社区。除了装修知识和资讯信息，平台还会实时更新数万种装修建材价格信息和装修线下服务，使众多有装修需求的用户可以在平台找到各种产品与服务。

此外，“我爱我家网”还以资讯为入口进军建材和家居电商业务，并积极与多家装修公司开展合作，为用户提供一站式的装修解决方案，从而使自身成长为国内装修领域的垂直专业类门户网站。

（4）洪涛股份

洪涛装饰公司收购的中装新网（中国建筑装饰新网）是国内建筑装饰协会官方网站，包括资讯、资料、协会、设计、人物档案、企业档案、建材和百强8个频道超过300个子栏目。网站不仅积累了3000多家优质装饰企业会员和3000多家建材企业会员，还拥有大量设计师、几百位装修领域的权威专家以及全方位的媒体资源。借助各类资源的有力支撑，中装新网深耕建筑装饰全产业链服务，为用户提供最专业的行业资讯、最实用的行业数据库、最高效的企业合作渠道等。

（5）东易日盛

东易日盛经过近二十年的发展沉淀，已在国内家居市场形成规模化、专业化、品牌化、集团化、产业化的绝对领先优势，也是当前A股中唯一的装修上市公司。在互联网装修方面，公司与国美在线、百合网合作推出了国内首个3D线上家居装修电商平台“国美家”，为用户提供户型设计、装修施工、家电家具等从“房”到“家”的一站式服务。

“国美家”与新途网独家合作打造虚拟现实装修体验，让用户在交房之前就能“真实”感受到未来房屋的各种生活场景；同时，依托东易日盛旗下速美集家在装修设计和工艺流程方面的优势，以及国美在线强大的“计时达”物流系统，“国美家”大幅提高了装修服务全流程效率，从设计图纸到用户最终入住最快只需 45 天；此外，为最大限度消除用户对装修质量的忧虑，“国美家”还聘请第三方监理机构对装修施工全程监督，保证装修质量。

◆ 智能家居公司：青岛海尔

2014 年 7 月海尔家居推出线上装修平台有住网，标志海尔集团正式进军互联网装修市场。不过，与上面提到的各类互联网装修企业不同，海尔布局互联网装修所关注的重心不是装修本身，而是其作为家庭入口的重要价值。随着未来精装修房和硬装、软装、家电的一体化，谁能抢占打开房门时的装饰环节，谁就将在未来的智能家居竞争中获得家庭入口优势。

◆ 软装公司：好莱客、索菲亚

随着以消费者为中心的体验经济的发展成熟，C2B 个性化定制模式将成为各行业发展的主要方向。从装修领域来看，在当前 A 股上市公司中，以往专注于衣柜个性化定制的索菲亚和好莱客正向全屋家居产品定制拓展，致力为每一个家庭打造舒适、健康、个性的高品质生活方式。

3.2　创新升级：互联网如何重构传统装修模式

3.2.1　优化流程：互联网驱动的设计流程改造

随着“互联网＋”在越来越多的行业落地生根，互联网装修的巨大发展潜能开始被进一步挖掘。齐家网、土巴兔等互联网装修领先者完成巨额融资，更是将互联网装修置于聚光灯之下，不但传统装修公司开始加快布局，携资本而来的各路巨头也跨界而来，互联网装修的热度持续走高，市场竞争也愈发激烈而残酷。

以新一代信息技术为支撑的云装修、智能测量、F2C 模式、全程施工监管等诸多新玩法，在互联网装修领域爆发出巨大能量。在很多从业者眼中，互联网装修和在线出行、在线教育等行业的发展逻辑并无本质差异，都是利用互联网技术充分整合市场中的优质资源。但实践证明，装修行业本身的特殊性决定了互联网装修的落地方案需要加入更多的创新元素。经过一轮又一轮的价格战后，互联网装修市场逐渐回归理性。

各家互联网装修企业逐渐认识到装修行业有其特殊性，不能采用传统的思维模式与发展经验。虽然互联网技术仍在很多经济活动中发挥十分重要的作用，但它已经不再是经济发展的核心驱动力之一，尤其是在一些行业痛点的改造过程中，它已经很难让我们感到惊喜。

互联网与装修刚开始融合时，传统装修存在的一些痛点确实得到了有效解决。例如，在传统装修模式中，一位设计师要同时为多位用户服务，设计效率极低，而且设计师们需要亲自前往装修公司、施工现场，以便制定更科学合理的设计方案。

一般来说，制定一套设计方案往往需要设计师与用户进行 2 ～ 3 次核对，每一次核对后，设计师需要修改设计方案，这无疑会增加设计师的工作负担。

而互联网装修兴起后，设计师与用户可以借助互联网对设计方案进行优化调整。设计师将设计方案上传到平台后，用户通过智能手机随时随地登录平台，并了解设计方案，然后结合自身的个性化需求提供反馈意见。设计师将根据这些意见修改设计方案，之后再将修改后的设计方案上传到平台，接受用户的反馈。

这种利用互联网对设计流程改造的模式使用户与设计师都获得了一种全新的体验，用户能够更加方便地向设计师反馈自己的意见，而设计师无须频繁地和用户线下沟通，大幅减少了时间成本，设计师有足够的资源与精力专注于对设计方案进行优化调整。

但经过一段时间后，这种云端装修设计模式同样出现了各种问题。例如，在用户与设计师沟通过程中，因为缺乏专业知识与审美观念有所差异等问题，导致用户理解的装修方案和设计师存在较大的偏差，从而使消费者对最终的装修效果感到不满。之所以会出现这种问题，其实是原有的互联网技术已经无法对传统装修进行深层次改造。

从本质上看，这是由于互联网环境发生重大变革而导致的必然结果。在更复杂的问题以及更高标准的用户需求面前，必须引入新技术与新模式，才能使互联网装修进一步走向成熟。

3.2.2 模式痛点：互联网装修模式面临的问题

资本的疯狂涌入确实让互联网装修企业有更多的资金用来刺激消费需求，培养用户消费习惯，但是对于互联网装修本身的改造，并没有达到从业者期望的高度。通常情况下，互联网装修公司完成融资后，首先关注的重点就是进一步扩大市场份额，获取更多的流量。为了开拓市场，提高用户活跃度，互联网装修公司必须招募大量员工，这无疑会导致人力成本大幅增加。

但事实上，互联网装修企业能够取得成功的关键点并非是拓展市场，增加用户规模，而是要用最终的装修效果与服务体验赢得消费者的信任，因为互联网装修用户尤其注重产品及服务体验。

也就是说，资本加持下的互联网装修公司并没有对装修产品及服务投入足够的资源与精力。实践证明，互联网装修的行业痛点远不是资金就能解决的问题。从互联网装修行业的实际发展情况来看，资金的影响更多体现在运营及营销方面，对于提升用户体验没有产生实质性的效果。

互联网技术在装修行业的应用历程其实是通过新技术解决用户新需求的过程。但互联网技术并不能解决装修行业的所有问题，而且随着消费需求的不断升级，会出现更多、更复杂的新问题，当互联网技术无法解决这些问题，而互联网装修行业又未能引入新技术时，降温会是自然而然的事情。

以互联网装修企业十分重视的施工全程监管为例，施工全程监管确实能在一定程度上解决偷工减料、工期冗长等问题，但在实践过程中，施工全程监管也存在很多的问题。例如，装修现场网络基础设施不完善，无法支持监控设备的持续稳定运转；在施工过程中，装修工人故意将摄像头调整到非正常角度；装修现场的监控设备布控不合理，难以做到全方位监控，等等。这不仅没有提升用户体验，反而给用户带来了更多的困扰。

当用户通过智能手机或者PC终端了解装修施工情况时，如果屏幕显示的监控画面不完整或者监控角度有问题，用户必然会担忧是不是施工人员为了偷工减料，而故意调整监控角度甚至破坏监控设备。造成的最终结果就是用户会更加频繁地前往施工现场进行监督，用户体验严重下滑。

装修是一个产业链较长的行业，而且人们感知装修产品及服务的优劣往往是通过最终的装修效果，想要让消费者获得满意的结果，必须对装修的各个环节进行优化调整。但事实上，互联网装修公司获得资本的支持后，将更多精力放到了市场拓展及引流方面，而忽略了内部流程管理的重要价值。市场调查显示，互联网装修公司普遍存在内部流程管理缺失问题。

对某个或者少数几个传统装修环节的改造，很多互联网装修公司做得相当不错，但目前仍未有互联网装修公司能够全方位地改善设计、采购、施工、监管、交付及售后等诸多环节，并将这些环节无缝对接，从而有效控制施工周期，提升用户体验。

割裂装修的各个环节会造成互联网装修公司难以打造一个科学完善的装修全流程管控系统。就算是在各个环节上都进行了有效的调整，但因缺乏装修全流程管控系统，互联网装修行业的诸多痛点仍得不到有效解决。

3.2.3 解决方案：互联网装修落地的实战策略

从行业发展的角度看，互联网装修作为一个新兴产业存在很多方面的问题是很正常的，距离互联网装修走向成熟还有很长的一段路要走，未来需要引入新技术与新模式才能真正解决行业存在的诸多痛点。那么，在未来的互联网装修市场中，企业需要如何布局？互联网装修未来的出路又在何方？事实上，互联网装修企业在发展过程中积累了大量的优质资源与实践经验，这为改造传统装修行业打下了坚实的基础。具体来看，互联网装修行业的发展应该从以下几个角度来思考，如图 3-6 所示。

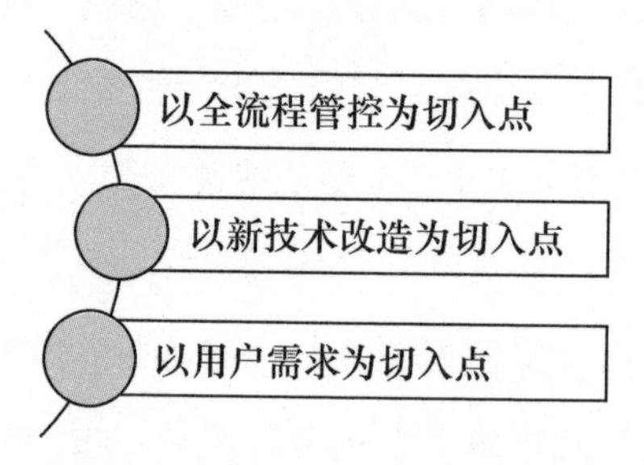

图 3-6　互联网装修落地的三大切入点

◆ 以全流程管控为切入点

装修既强调充分满足消费者的个性化需求，又重视通过装修全流程控制充分保障最终的装修效果，这也是互联网装修行业未来的一大主流发展趋势。如果互联网装修企业仅专注于用户个性化需求的满足，或者是实施全流程管控，最终无法取得成功。

事实上，互联网装修企业采用的发展模式大多是从装修流程的一个或者少数几个环节切入的，例如，云端设计方案主要针对设计环节；F2C 模式主要针对装修材料采购环节，等等。

这些做法在其所属环节中确实发挥出理想的效果，但从最终的结果看，广大用户对互联网装修产品及服务仍存在各种抱怨。最大的问题在于，装修是一个整体性的工作，任何一个细节都可能对最终的装修结果产生影响，而且各个环节也会相互影响。所以，要想真正完成对传统装修行业的改造，给消费者带来全新的体验，必须实施装修全流程管控。

当然，实施装修全流程管控不能以牺牲用户个性化需求为代价，如果互联网装修公司完全提供同种风格、统一标准的装修产品及服务，虽然也能保证最终的装修效果，但这种同质化的装修服务绝不是消费者想要的结果，互联网装修也失去了其最核心的价值。

◆ 以新技术改造为切入点

互联网技术应用到装修行业后，对传统装修诸多环节的改善发挥了十分关键的作用。但随着用户需求不断升级，装修行业又出现了很多新的问题。此时，再使用现有的互联网技术已经不能有效解决这些问题，需要企业引入更多的新技术。当然，这并非意味互联网技术没有了价值，它在新技术应用过程中将作为基础性技术提供强有力的支撑。

以工程施工环节为例，和传统装修模式一样，现有的互联网装修同样采用人工施工，但仍然存在野蛮施工、偷工减料等问题。虽然互联网装修公司采用施工全程监管在一定程度上减少了这些问题的发生，但这并不能从根源上予以解决。

随着新一代信息技术尤其是人工智能技术在各行各业的应用不断深入，我们的生活及工作已经发生了巨大变革，智能机器人能够代替人们完成很多工作。机器学习与处理自然语言等人工智能技术赋予了机器人一定的学习能力，未来我们可以通过让机器人学习装修工人的工作方法，或是为其编入规范化的程序等手段，在根本上解决施工过程中存在的野蛮施工、偷工减料等痛点。

在装修设计环节，互联网装修企业可以引入大数据分析技术，对装修过程中产生的数据进行搜集、分析及应用，这能够让互联网装修企业更高效精准地了解用户需求，并对装修设计中存在问题的地方进行改善，最终为消费者提供一个充分满足其个性化需求的装修设计解决方案。

◆ 以用户需求为切入点

造成互联网装修行业存在诸多痛点的一个深层次原因就是从业者未能转变到以用户需求为核心的本质上来，仍在按照传统装修“以装修项目为核心”的思维模式。不难发现，互联网装修企业采用的云端设计、F2C 模式、施工全程监管等都是从提升装修效率的角度出发。但事实上，决定装修是否存在价值的是广大用户。所以，回归用户，打造以用户为中心的生态系统才是互联网装修企业构建强大外部竞争力的核心所在。

在充分满足用户个性化需求的同时，企业需要对装修各个环节全面改造，形成一套更科学、完善的装修操作标准。在为用户服务的过程中，企业需要搜集各种用户数据，并通过对数据的分析及处理，挖掘新需求，拓展溢价能力更高的增值服务，为广大用户提供一站式装修服务解决方案。

只有打造以用户为中心的装修生态，互联网装修企业才有足够的时间与精力回归到提升用户体验、满足用户个性化需求的本质中来，最终推动互联网装修产业真正走向成熟。

互联网装修的复杂性与落地难度决定了互联网装修行业会在发展过程中遇到各种各样的问题，在行业探索者的不断试错下，上述问题的解决不过是时间问题，而互联网装修企业要做的就是坚持以用户需求为中心，不要盲目地和竞争对手大打价格战，通过优质的产品及服务不断提高竞争门槛，最终找到一条适合自身的"互联网+装修"落地途径。

3.3 服务落地：构建基于用户体验的服务运营策略

3.3.1 策略1：整合优质资源，提升服务水平

随着互联网在各个产业的应用不断深入，越来越多的产业因此而发生重大转变，在市场需求及资本的驱动下，"互联网+装修"模式受到了创业者及投融资机构的青睐，互联网装修平台如雨后春笋般大量涌现。

但我们注意到，在行业发展火热的背后，也有很多家互联网装修平台消亡，如美装、装修360、珂居网、宅师傅、墙蛙科技、宜居装修网等。这些平台在烧完融到的资金后，便迅速在市场消失。

由易观智库公布的《2016中国互联网装修行业白皮书》显示，互联网装修产业中的许多企业，开始从简单地提供装修信息服务转变为提供一站式装修服务解决方案。和很多产业不同的是，装修市场对线下服务有极高的依赖性，互联网装修平台提供的信息服务对消费者缺乏足够的吸引力，所以互联网装修企业为消费者提供一站式服务解决方案也就成为必然的选择。

现阶段，入驻互联网装修平台的装修企业鱼龙混杂，产品质量与服务水平存在较大的差异，很难给广大用户提供优质完善的装修服务。此外，平台方在选择装修企业时主要采用竞标的方式筛选，由符合条件的商家给出装修方案，平台管理人员进行审核。不过为了控制自身成本，平台会倾向于选择那些报价更低的装修公司，这就造成了装修公司为了获取订单而刻意压低价格，装修的服务质量难以充分保证。

所以，互联网装修平台采用的供需对接模式造成偷工减料、中途加价、工期延长等诸多方面的问题。在以用户需求为主导的新消费时代，这种简单的信息服务模式显然不符合产业的主流发展趋势。

充分满足消费需求的个性化及定制化装修服务将成为“互联网＋装修”企业构建核心竞争力的关键所在。“互联网＋装修”平台需要根据用户的个性化需求为其提供一站式装修服务解决方案，从设计到选材，再到施工，最后到验收以及售后服务等需求，都能在平台得到满足。例如，A装修公司不管是设计还是施工，在某种风格上都是做得最好的，这个时候平台不应该采用竞标的方式助推装修公司低价的竞争，而是应把最适合用户的装修企业推荐给用户，提高了用户满意度的同时，使装修公司也更有竞争力，做到三赢。

从实际情况来看，材料缺乏统一的行业标准、供应链效率较低、施工管理难度大等是限制“互联网＋装修”模式发展的主要因素。“互联网＋装修”模式能够高效、低成本地完成价值变现的关键在于，能够使非标准的产品及服务变得标准化。为此，企业需要在供应链管理、施工过程监管及服务体验优化方面做出有效调整。

“互联网 + 装修”模式爆发出来的巨大能量吸引了大量创业者及企业加入这一领域，但因为该行业门槛相对较低，企业的服务质量参差不齐，导致消费者难以获得较好的服务体验。因此，随着互联网装修产业不断发展，行业必定会迎来洗牌期，想要存活下来的企业需要充分整合优质资源，不断强化自身的服务水平，构建核心竞争力，具体步骤如下：

（1）互联网家装平台需要提升准入门槛，建立严格而完善的管理制度，对现有的材料供应商、设计人员、施工团队等考核筛选，淘汰那些不能为消费者提供优质产品及服务的个体及组织；

（2）有效管理优秀设计师、施工团队及材料供应商，帮助他们进行品牌塑造，并将产业链各个环节打通；

（3）借助大数据分析技术对平台中积累的用户数据进行处理及应用，开发更多的个性化产品及增值服务，为用户制定消费决策提供有效支撑，降低其决策时间成本等。

3.3.2 策略 2：满足消费需求，强化施工监管

由于消费者对装修服务的线下体验尤为重视，所以互联网装修企业需要充分整合优质资源，提高本地服务水平及质量以赢得消费者的信任。从这种角度上看，“互联网 + 装修”是一种重资产模式。为了进一步提高服务的效率及用户体验，实行线上与线下相结合的 O2O 模式成为一种必然选择。

在装修时，人们普遍青睐于前往线下门店体验产品及服务后，再做出消费决策。首先是因为装修成本相对较高；其次是因为装修效果给人们的居住体验将带来直接影响。因此，线上基因浓厚的互联网装修企业布局线下将是未来的主流发展趋势，一方面可以和线下装修企业进行合作，另一方面是自建线下体验店。

此外，为了充分满足消费者的个性化及差异化需求，互联网装修企业还需要对自身的产品及服务创新，借助大数据技术为用户匹配更加适合他们的设计师、施工团队等。在正式施工过程中，在选择优质施工团队的

同时，还要对施工的各个环节严格监管，如引入EPR（Electronic Public Relationsystem，网络公关系统）管理系统，在降低人力成本的同时，还能让用户对整个施工过程进行实时监管。

消费者在选购装修材料时，不但要花费较高的价格购买经过多个周转环节的装修材料，而且需要付出较高的时间成本。此外，由于普通大众缺乏足够的专业知识，购买的材料很容易出现质量问题。

互联网装修企业则去除了大量的中间环节，在降低材料价格的同时，还通过自建仓储物流的方式，解决运输过程中材料损坏甚至被不良商家更换等问题，提高物流配送效率，确保装修能够在工期内完成。

互联网装修企业还能够根据用户数据，对用户需求进行预测，从而指导上游生产商生产产品，帮助其减少库存压力，更加合理地配置仓储资源等。当然，也可针对用户对装修过程中的反馈信息，对自身的产品及服务进行优化调整，最大限度上确保给用户带来优质的服务体验。

在对优质资源充分整合、打造高效保质的服务链及透明升级的供应链的基础之上，互联网装修企业将在对产品线上功能不断优化完善的同时，提高线下服务水平及质量，确保消费者在线上及线下都获得良好的服务体验。

互联网装修企业需要充分借助高科技技术与先进的管理手段，对现有业务流程进行优化调整，帮助设计师及施工团队提高服务水平及服务质量，从而提高用户满意度。例如，在分析海量用户装修数据的基础上，挖掘一些用户认可度较高的装修设计，并对细节进行模块化及数据化整理，这样可以让设计师通过对这些模块的重新组合及调整满足用户需求，也能够充分保证产品质量及服务水平。

火热的AR/VR技术也为互联网装修企业提高用户体验提供了一种有效手段，借助这种黑科技搭建出来的体验场景可以在未施工前让用户近乎真实地体验各种装修方案的真实效果，而不是去看那些只有专业人员才能看懂的设计图。这种高科技技术的应用在提高用户体验的同时，还能增强材料供应商、设计师及施工团队的协同性，提高服务质量及效率。

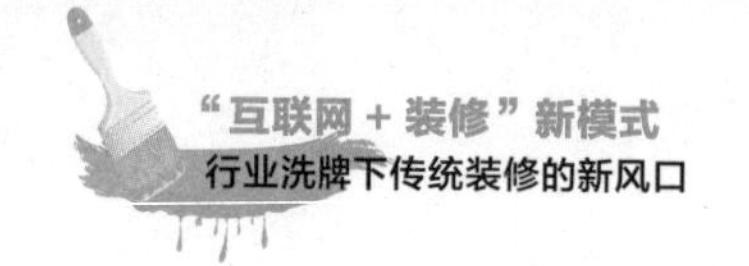

3.3.3 启示：国内互联网装修企业的创新实践

进入2016年后，互联网装修企业纷纷开始走上转型升级之路，从为用户提供单一的装修信息服务向提供一站式装修服务解决方案转变。由于企业发展情况及目标群体的差异，不同企业对自身要为用户提供一站式装修服务解决方案的认识也存在明显不同。不过，一个行业能够持续稳定地发展壮大也正需要这种不断的探索与创新。下面对几种较为典型的互联网装修企业的发展路径进行分析，从而为相关从业者提供借鉴经验。

◆ 美乐乐

美乐乐是国内家居电商O2O平台的典型代表，随着其规模的不断扩大及品牌影响力的提升，其业务范围从起步阶段的销售成品家具产品，已经扩大至建材、定制家具、家饰家纺等诸多领域，如图3-7所示。

图3-7 美乐乐官方网站

在装修业务方面，美乐乐目前不提供线下装修服务，而是为用户提供装修信息，将用户资源提供给与之合作的装修公司，由装修公司为用户提供装修方案及服务。在多年的发展过程中，美乐乐积累了丰富的线下零售及挖掘用户需求的经验，并且其拥有的线下体验馆及样板间能够带给用户良好的线下体验。不过我们也不难发现，美乐乐在互联网装修领域的布局相对较弱，尚未建立较强的市场竞争力。

2014 年成立的互联网装修企业爱空间通过自建专业装修团队，与科勒、多乐士、马可波罗等一线材料品牌进行合作，以每平方米固定计价等方式吸引了大量消费者。截至 2017 年 3 月，爱空间的业务范围扩展到全国范围内的 24 个城市，并且在北京地区打造了线下体验馆，如图 3-8 所示。

图 3-8　爱空间官方网站

为了能够充分保证装修服务的品牌、价格、工期等，爱空间对工艺工序进行标准化，采用标准化套餐，虽然它也推出了个性化增值服务包，但这对于用户个性化需求存在一定的限制。爱空间未来能够发展壮大的关键点在于，打造规模更庞大的专业团队，加快在全国范围内的布局进程，在控制服务质量的同时，满足用户的个性化装修需求。

◆ 齐家网

2005 年创建的互联网装修品牌齐家网率先布局互联网装修领域，在发展之初，齐家网的主要业务是在线上销售建材产品、家居产品，并为用户提供装修信息服务。2015 年 9 月，齐家网进行转型升级，开始从为用户提供产品及信息服务转变为提供完善的装修服务整体解决方案，如图 3-9 所示。

图 3-9　齐家网官方网站

得益于多年的发展及沉淀，齐家网在上游材料供应商方面拥有大量优质资源，在转型后通过 F2C 模式以及自建物流仓储系统，去除了大量中间环节的同时，为消费者快速高效地提供优质低价的优质产品。而且齐家网借助 VR 技术，让用户可以根据自己的需求设计并体验装修方案。

为了强化装修服务能力，齐家网收购了装修公司博若森（福建）装饰工程有限公司，并对装修工序进行细分，通过设置考核指标确保服务质量。此外，齐家网采用了 EPR 管理系统，对施工的各个环节进行实时优化调整。

从上述 3 个案例来看，互联网装修企业都在尝试寻找“互联网 + 装修”模式的落地途径，在这些积极探索者的努力下，整个装修产业也在不断走向成熟。在未来的互联网装修产业中，决定企业成功的核心因素在于能够充分满足用户的个性化需求。和其他两家企业相比，齐家网在互联网装修领域的布局具有明显优势，未来有望分得一块较大的市场蛋糕。

无论企业选择何种路径完成“互联网 + 装修”模式的落地，装修行业将会形成怎样的市场格局，企业核心竞争力的构建都将回归到为消费者提供优质的装修服务中来，未来只有以产品及服务创新来满足消费者的个性化需求，企业最终才能从激烈的市场竞争中成功突围。

第4章

装修 O2O：

搭建线上线下一体化运营体系

|4.1 颠覆装修：互联网装修 O2O 市场现状与变革逻辑|

4.1.1 跑马圈地：互联网时代的装修 O2O 崛起

随着互联网对各行业领域的不断渗透融合，以各类装修 O2O 为代表的“互联网 + 装修”模式迅速崛起。这些装修服务创新模式针对传统装修行业的弊病和问题，利用超高性价比装修套餐、标准化服务、快速装修等优势吸引用户眼球，成为资本市场青睐的对象。

与传统装修模式相比，互联网装修的最大优势是可以借助互联网技术、平台整合打通装修全流程，从而大幅提高装修效率和施工质量，为用户创造更好的装修体验。从这个角度看，在竞争日益激烈的互联网装修市场中，那些注重设计、材料、施工、家居家电、施工监控、售后等装修服务的每一项内容，深耕装修 O2O 供应链的公司，由于能够更好地解决传统装修痛点，将获得消费者的认可和青睐。

装修是一个产业链很长、涉及众多领域的行业，市场潜力巨大。根据中国建筑装饰协会的统计数据，2014 年我国建材家居行业的市场规模超过 4 万亿元，但装修电商市场占比不到 8%。从另一个角度看，互联网装修市场比例不高意味着其拥有巨大的发展潜力。当前越来越多的互联网企业和电商巨头不断“跑马圈地”布局互联网装修市场已充分说明了这一点。

作为国内最大的电商平台，天猫通过与各商家联合的方式整合装修供应链，并借助自建的菜鸟物流网络解决装修服务“最后一公里”的难题，为消费者提供从装修设计、房屋测量、装修施工、送货上门、入户安装、售后质保等一站式装修服务解决方案。

当前，实创装修、装修e站、新浪家居等诸多实力雄厚的装修公司已入驻天猫装修平台；天猫装修依托菜鸟物流优势打造的“送货入户、无忧安装”的服务覆盖了全国2000多个区县，基本解决了所有县级以上城市大件装修送货上门和入户安装的难题。

另一大型电商平台京东也在加紧布局互联网智能家居市场。根据京东商城发布的数据，家居建材品类在京东平台的整个业务体系中高居第四层，2015年移动端流量占比从30%增加到60%，销售规模提升120%。同时，京东还围绕“定制O2O”“互联网装修”“装修服务升级”三大主题开展家居节促销活动，为用户提供更多高性价比的家居产品，全面优化家居装修服务体验。

深耕家居、建材、装修垂直领域的齐家网则在装修供应链整合方面具有优势。齐家网不仅为用户整合设计与施工资源，也通过对建材、家居产品供应链的整合为用户提供低价高质的装修和家居产品。通过聚合众多用户的采购需求，齐家网可以直接向生产厂商采购建材、家居等产品，获得更多的价格优惠，进而以低于经销商的价格为用户提供建材、家居产品，为用户节省更多成本。

4.1.2 格局之争：资本角逐下的装修O2O市场

近两年互联网装修发展迅猛，吸引了众多关注和越来越多的参与者。

面对这个超过5万亿元的新兴市场，土巴兔、爱空间、构家网、蘑菇家、酷家乐等众多具有较高格局和明显特色的装修O2O巨头不断发力，在营销、价格、体验等各个方面展开激烈比拼，争夺用户和市场。

◆ 格局之争：资本布局装修O2O背后的逻辑

人们之所以将2015年视为“互联网装修元年”，主要原因是资本大规模涌入互联网装修市场，使原本沉寂的互联网装修O2O领域变得活跃起来，引起各方的广泛关注。例如，这一年，土巴兔实现了2亿美元的C轮融资，齐家网进行了1.6亿美元的D轮融资，爱空间获得了小米公司6000万元的投资，构家网、百办快装则分别完成了4000万元和1000万元的天使轮融资……

另外，传统装修长期存在的众多问题也为互联网装修O2O的成长发展提供了最佳时机——用户希望互联网与传统装修的深度融合能提高装修质量和服务水平，解决传统装修的诸多痛点。

在以用户体验为中心的互联网商业时代，用户的关注点就是价值所在。因此，对市场前景和发展潜力具有敏锐感知力和精准把控的资本巨头大规模进入互联网装修O2O领域进行布局，也就成为题中之义。

资本巨头在进行互联网装修O2O布局时，主要关注点不在“一城一池”，而是从整个互联网装修格局的角度进行资本布局：从平台型装修O2O到垂直型装修O2O，只要有利于获得更多互联网装修O2O市场份额，增强在该产业领域的话语权，从而在整个互联网装修格局中建立优势地位，各个资本巨头都会乐意参与进去。

例如，不论是土巴兔、齐家网等传统平台型互联网装修公司，还是爱空间、构家网、百办快装等垂直型互联网装修平台，或者是百变空间、酷家乐这类互联网装修O2O平台，其快速发展的背后都离不开资本巨头的参与推动。也正是得益于资本的大规模涌入和有力支持，互联网装修市场才能在近两年迅猛发展，受到越来越多的关注。

资本的巨大影响力最直接体现在以互联网思维和技术对传统装修进行

变革重塑，打造全新的互联网装修体验，进而通过消费习惯的培养，实现后续的资本再生与复制，获得投资收益。正是由于这种对行业发展变化的敏锐感知和精准把控能力，资本市场才能实现对互联网装修O2O平台的合理投资，完成对整个互联网装修市场的精巧布局。

不过，资本投入虽然能够帮助互联网装修企业在短期内快速发展，但在用户体验的优化完善等具体方面还是要依靠互联网公司的努力。也就是说，资本的关注点主要是宏观层面的互联网装修格局，至于用户痛点的解决、装修质量的提高等细微层面的内容，则需要互联网装修企业完成。这也是当前很多互联网装修平台的发展瓶颈所在：前期过于依赖资本进行快速扩张，而装修质量、用户体验等“内功”修炼滞后，不能真正解决装修用户的痛点。

◆ 行业地位：装修O2O企业的用户之争

如果说资本关注的重心是整个互联网装修的市场格局，那么互联网装修O2O企业的关注点则是成功融资后能否吸引更多用户、成交更多订单，在互联网装修行业建立优势地位，进而为下次融资奠定有利基础。

从这一角度看，当前互联网装修O2O平台的运营重点是利用多种手段确立行业地位，吸引更多用户。例如，土巴兔和齐家网在成功融资后，就分别邀请汪涵、黄晓明做品牌代言人，以借助两位明星的广泛影响力吸引更多目光、确立行业地位和品牌调性。

不过，通过代言人确立品牌调性只是互联网装修O2O企业建立行业地位的第一步，之后还要进行更多后续动作：利用传统媒体、楼宇广告向用户宣传推广，在众多电视频道中通过硬广告营销让更多消费者认识并记住自己的品牌，借助玩法更加丰富多样的线上营销吸引更多目光等。通过线上线下多种营销渠道的有机结合，互联网装修O2O企业不仅获得了大量关注，也以这种方式确立起自身的行业地位，从而对用户形成更有效的吸引。

平台型互联网装修O2O公司多是通过广告营销的方式确立行业地位、吸引用户关注；与之相比，垂直型装修O2O企业的关注重心则是装修质量和用户的真实装修体验，更希望以“真材实料”获得用户正面口碑，借助口碑效应实现发展，最终确立自身在互联网装修行业中的优势地位。例如，爱空间推出的 699 元 / 平方米、20 天装修套餐服务，构家网推出的 1999 元 / 平方米的装修爆款套餐等。

与主打广告的平台型装修 O2O 相比，垂直型装修 O2O 企业深耕装修质量、优化用户体验的做法在实际操作中难度更大，因为装修服务本身就是一个产业链很长、上下游涉及环节众多的领域，任何一个环节出现问题都可能会影响用户对装修过程的整体体验，让用户对企业产品和品牌形成不好的印象，进而对装修 O2O 公司造成负面影响。

不过，垂直型装修 O2O 这种确立行业地位的方式显然更能直击用户痛点，解决以往装修服务的诸多弊病和问题，真正发挥“互联网 + 装修”的巨大价值，甚至推动整个装修行业的转型升级，使装修产业从混乱、无序状态走向良性、有序的发展轨道。

与隐藏在背后的资本相比，互联网装修企业是与用户直接对接的，对解决用户痛点和体验装修有更直接的影响。因此，无论互联网装修 O2O 企业采用何种方式确立自身的行业地位，打造品牌和口碑，都必须从用户体验出发，真正解决用户痛点。这显然也不能一蹴而就，需要互联网装修企业长期深耕。

4.1.3 供应链整合：基于用户体验的优化变革

互联网装修利用互联网思维、技术、平台等对传统装修行业进行变革升级，通过“互联网 + 装修”的创新服务模式解决传统装修痛点，为消费者提供更好的装修体验。因此，要真正落地互联网装修服务，首先要解决传统装修以下几个痛点。

第一，装修是一个下游产业链很长的行业，而传统装修公司却很少能为用户提供一站式的装修服务，从品牌商、材料商到设计、施工等各个环节都需要用户自己费心费力地与不同商家对接沟通。烦琐复杂的流程极大影响了用户的装修体验。

第二，装修行业的专业性较高，多数用户都无法准确判断材料品质以及装修质量的好坏，只有在入住并使用了一段时间后才能发现问题，从而导致很多企业常常以次充好、忽略施工质量。装修行业在材料、装修质量、产品价格等方面存在严重的信息不对称、不透明现象。

第三，传统装修的另一个痛点是缺少售后服务。正如我们上面提到的，绝大多数用户并不具备判断装修质量好坏的能力，只能在后续使用中发现问题。然而很多传统装修公司在把房子装修好交接给用户后便撒手不管，没有针对后期使用中出现的各种问题提供售后服务，这成为传统装修服务中饱受用户诟病的地方。

不仅大型综合电商平台纷纷布局装修供应链整合，各类垂直性互联网装修 O2O 公司也开始参与其中，通过与建材商、家居品牌商的合作，打通设计、施工、材料、家居各环节，为消费者提供一站式的装修服务解决方案。

不过，当前互联网装修 O2O 平台对装修供应链的整合只停留在表层，没有真正从用户体验出发对装修服务各环节进行深度变革优化。

第一，电商平台和互联网 O2O 装修公司在整合装修供应链时，只是单纯地将各类经销商、供应商的相关产品堆放到平台中进行消费，并没有解决消费者的真正痛点：80 后、90 后用户群体希望获得直接、有针对性的装修产品推送，而不是自己在众多建材或家居产品中一件件地选购。

第二，多数互联网装修公司扮演的是中介平台角色，为用户提供多种家居产品或施工服务供其选择，或者自建装修施工队伍为用户提供装修服务，并没有解决施工过程无人监管、售后服务缺位等传统装修服务的问题和弊病。

第三，多数互联网装修平台只是将众多产品引入进来，然后以低价噱头吸引消费者，并没有解决传统装修在质量、价格等方面的信息不透明问题，因此是一种十分浅层的供应链整合。

第四，除了更长的产业链，装修行业与其他领域的另一个不同是用户需求的个性化。互联网装修虽然通过整合供应链为用户提供了一站式的装修解决方案，但如何在标准化的运作下满足不同用户的个性化、定制化需求，使用户体验升级仍是互联网装修的一大发展痛点。

“互联网＋”的优势是实现相关产业链的高效整合。就互联网装修而言，要解决传统装修市场中的诸多痛点，也必须深耕装修O2O供应链，以用户口碑为落脚点，有效整合装修服务各环节，充分发挥“互联网＋装修”对传统装修的变革升级价值，为用户提供更优质的装修体验。

4.1.4 互联网装修O2O企业如何解决用户痛点

装修产业中用户诟病的问题很多，不过所有痛点都可归结为体验问题。因此，装修企业只有借助互联网思维、平台、技术和方法深耕装修质量与服务，不断优化用户整体装修体验，真正解决用户痛点，才可能在竞争激烈的互联网装修市场中建立优势地位。那么，互联网装修O2O企业应如何有效解决用户痛点，赢得资本和用户的青睐呢？有3个关键点如图4-1所示。

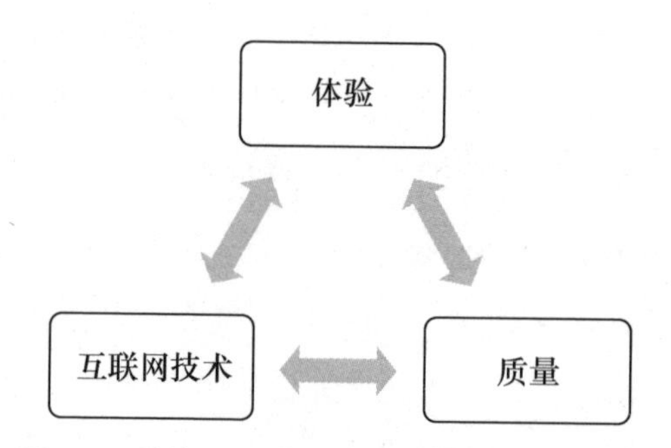

图4-1 装修O2O解决用户痛点的3个关键点

◆ **体验是解决用户痛点的关键**

装修过程中经常听到用户说“我宁愿多花点钱也不要这么麻烦”之类的话，这背后反映的其实是装修过程中用户对优质体验的追求。因此，互联网装修 O2O 公司要想获得用户的好感与青睐，就必须从用户角度出发解决装修过程中的各种问题，减少用户麻烦，为用户带来安心、顺心、舒心的装修体验。

简单来看，互联网装修公司要充分合理利用多种互联网技术，实现装修流程的透明化、动态化监管，将整个装修过程实时呈现在用户眼前，减少用户的各种顾虑和担忧及不必要的麻烦，从而有效解决传统装修的服务痛点，为用户提供更好的装修体验。

通过相关互联网平台把设计方案、施工过程、物料使用等环节实时呈现给用户让他们安心；加强施工人员培训，打造一批高素质的专业装修团队，并通过产业化管理保证用户顺心；从用户角度出发减少装修过程中对用户造成的困扰，并将解决问题过程展示在用户面前，让他们舒心。

◆ 质量是解决用户痛点的根本

体验是装修过程中用户的直接感受，而好的装修质量和效果则是用户最关心的内容，是解决用户痛点的根本所在，也应成为所有互联网装修 O2O 企业发展的主要支撑点。装修质量出众、效果完美，会让用户在入住后备感舒心，形成企业的正面口碑，从而有助于装修 O2O 企业确立自身的行业地位，并更容易获得资本的持续青睐。

同时，在装修问题层出不穷的情况下，用户也十分乐意为高质量的装修产品和服务掏钱。如此，借助外部资本与内部用户带来的装修收益的有力支持，互联网装修 O2O 企业便可投入更多的资源精力深耕装修质量，逐一解决用户诟病的各个问题和痛点。

◆ 互联网技术是解决用户痛点的“手术刀”

资本的大量涌入以及装修 O2O 的迅猛发展并没有真正解决装修过程的用户痛点，其根本原因在于互联网与传统装修产业的融合深度不够。多数标榜互联网装修的企业更多的只是借助火爆的“互联网 +”概念吸引用户眼球，对互联网思维、方法、技术等的应用停留在表层，没能使互联网与传统装修行业产生化学反应，自然也难以真正解决装修过程中的各种问题

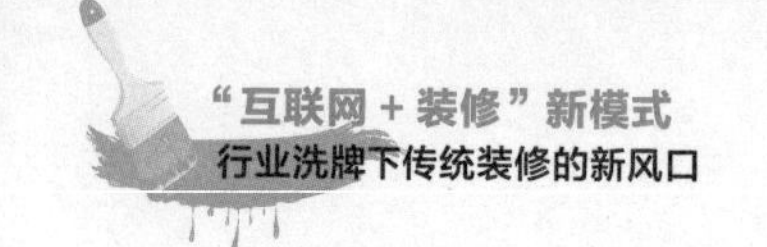

和痛点，难以实现对传统装修的颠覆重构与转型升级。

另外，传统装修行业中的一些可取之处也没有被互联网装修企业吸引利用。结果是在众多互联网装修公司中，互联网与传统装修成为两个分裂的部分，两者都没有发生本质变化。因此，真正的互联网装修应该是深度融合互联网技术与传统装修，利用互联网思维、技术、平台、工具有效解决传统装修服务的诸多痛点，为用户提供质量高、体验好、真正有别于传统装修的互联网装修 O2O 服务。

总之，随着互联网装修逐渐进入转型升级的发展阶段，相关企业和创业者只有从用户体验出发，有效把握体验、质量、技术 3 个解决用户痛点的关键要素，推动互联网与传统装修的深度融合，深耕装修质量、优化用户体验，才可能赢得用户认可与资本青睐，确立自身在整个互联网装修领域中的行业地位。

4.2 诸侯混战：国内装修 O2O 的模式策略与优劣对比

4.2.1 综合电商：提供装修 O2O 整体解决方案

在国内的装修市场上，"互联网+装修"早已出现，这个庞大的装修 O2O 市场吸引了无数线上、线下公司进入，如淘宝、国美等综合电商，齐家网等垂直电商，居然之家等线下实体装修店等，市场争夺战早已拉开序幕。但毕竟相较于传统装修市场，"互联网+装修"市场有其独有的特点，在这场战争中，成功突围的装修 O2O 企业不会很多，最终谁能成为王者还需拭目以待。

淘宝早在 2010 年就推出了装修馆，其主要功能是销售家居产品。2015 年 3 月，淘宝又推出一个装修 O2O 平台极有家，为用户提供装修 O2O 整体解决方案，彰显了淘宝布局装修 O2O 市场的决心。

国美家是国美在线推出的国内第一个 3D 线上家居装修电商平台，可为用户提供 3D 虚拟装修体验，让用户享受装修、采购一站式服务。

淘宝、国美在线等综合电商平台进驻装修 O2O 市场有很多优势，具体分析如下。

第一，相较于其他平台，淘宝、国美在线是国内两大综合电商平台，规模庞大，入口流量大，支付体系及售后体系非常完善。在极有家、国美家推出之前，淘宝与国美在线就已分别推出装修馆与家居频道，积聚了大量装修用户。凭借这些优势资源，淘宝与国美在线自然能顺利地推出极有家与国美家。

第二，相较于线上装修店，在推出极有家与国美家之前，淘宝与国美在线就已经和很多线下商家实现了对接。极有家与国美家两大 O2O 装修平台推出之后，凭借此前形成的品牌影响力，这两大平台吸引了很多个体设计师进入，与众多装修公司达成了合作。

第三，从用户体验角度看，无论是极有家，还是国美家，都致力于为用户提供整套家居设计方案，对追求简单、省事的年轻用户来说，这种一体化的装修方案能为其带来较好的消费体验，提高其满意度。

但从实际发展情况看，现阶段的极有家与国美家与真正的装修 O2O 平台之间还有一定的距离。

★ 极有家与国美家在商品与设计方面投入了过多精力，从消费者的角度来看，这两大平台刚进入装修市场，即便背后有淘宝与国美在线两大坚实的后盾作支撑，在短时间内推出的装修方案也难以得到消费者认可。装修 O2O 平台要想真正被消费者认可，其线下装修效果就必须令消费者满意。

★ 淘宝、国美在线的规模庞大，在互联网与各种传统行业结合的时代，淘宝与国美在线要想在每个领域成功布局，就必须分散人力、物

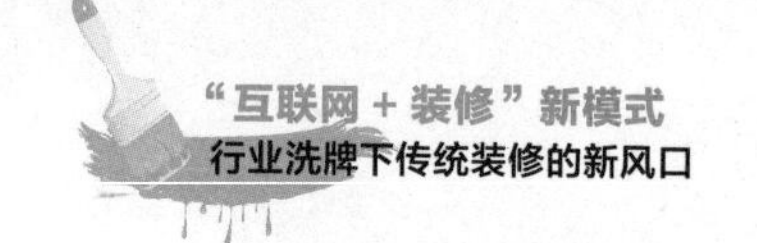

力与精力，在装修O2O领域的布局也是如此。要想以分散之后的人力、物力与精力在装修O2O领域取得成功，极有家与国美家还需要较长的时间。

4.2.2 垂直电商：布局一站式互联网装修业务

国内致力于为用户提供装修服务的垂直电商平台很多，如极客美家、我爱我家、美乐乐等。齐家网作为国内最大的垂直电商平台，近年来，在装修、建材、家居等原有业务之外又增添了一个新业务——互联网整体装修业务，在竞争激烈的市场环境下，为装修类垂直电商平台的发展开辟了一条新出路。

齐家网布局装修O2O有四大优势。

第一，齐家网对装修产品、装修材料及合作的装修公司、施工工人严格筛选，为装修设计、装修质量提供了极大的保障。同时，在装修施工的过程中，齐家网还会以第三方监理的身份监督整个装修施工过程及后续的售后服务环节，为顾客提供集施工、服务、售后、金融于一体的保障服务，让用户放心、安心、省心。对二三十岁的主流消费群体来说，齐家网的这一系列服务极大地满足了其需求。

第二，齐家网作为国内装修领域最大的垂直电商平台，在多年发展的过程中积累了很多商家资源与用户群体，在业内也形成了一定的品牌影响力。以此为基础，齐家网进军装修O2O市场，打造互联网装修平台更驾轻就熟。

第三，齐家网与很多知名度高、影响力大、实力雄厚的装修公司达成了合作，如实创装饰、装修e站、柚子装修、D6设计等。同时，还与很多知名的建材品牌结成了联盟，如德国贝朗卫浴、东鹏瓷砖、大自然地板、西门子开关、多乐士等。依靠如此强大的联盟、合作关系网，齐家网迅速建立了其在业内的影响力，获得了用户的信任。

第四，截至2015年4月，齐家网已在线下建立了56家体验店，并计划在未来3年将线下体验店的数量发展到300家。在打造装修O2O的过程中，线下体验店的建立至关重要，因为装修行业非常重视服务与体验，如果缺乏线下体验，装修体验与服务闭环就难以成型。通过线下体验店，用户可以先行体验装修风格与装修质量，以更好地做出消费决策。

虽然齐家网在打造O2O平台方面有非常明显的优势，但在未来的发展中，齐家网依然要面临两大挑战。

★目前，互联网装修市场格局未定，包括齐家网在内的装修O2O平台都处在混战之中，齐家网要想成功突围，就必须战胜小米、万科、搜房等强大的竞争对手。

★齐家网互联网装修平台的打造尚处于起步阶段，要想不断发展壮大就必须吸引更多实力雄厚的装修公司进入。对齐家网来说，助力传统的线下装修公司与互联网融合，实现全面升级是一大挑战。

4.2.3 装修公司：借O2O实现互联网装修转型

◆ 传统装修公司：以东易日盛、实创装饰为代表

在国内装修市场上，有一批实力雄厚的传统装修公司在多年发展的过程中不断拓展服务范围，壮大装修队伍的实力，提高装修队伍的能力。近年来，这些传统装修公司顺应“互联网+”热潮，进军互联网装修领域，典型代表是东易日盛、实创装饰。这些传统装修公司布局互联网装修有三大优势。

第一，相较于互联网公司，传统装修公司经过多年的发展积累了丰富的装修经验，对行业和用户需求的了解更加深入。

第二，用户对装修公司的要求非常高，不仅要求装修质量好，还要求设计美观。在现实生活中，能得到消费者认可的装修公司简直凤毛麟角。

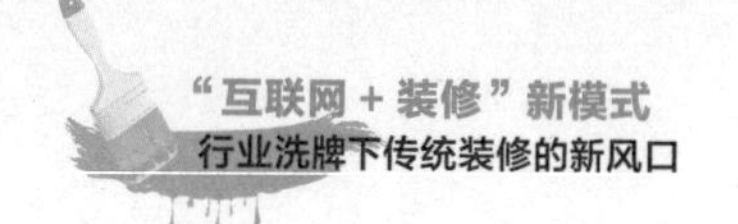

东易日盛、实创装饰等传统装修公司经过多年的努力获得了一大批用户的认可，在社会上有了一定的知名度与影响力。凭借这些优势传统装修公司进入互联网装修领域能率先获得消费者认可。

第三，以东易日盛、实创装饰为代表的传统装修公司拥有稳定的、高质量的设计师团队与施工队伍，以此为支撑，东易日盛、实创装饰能更好地打造线上品牌。

虽然传统装修企业在布局互联网装修方面有很多优势，但要想成为该领域的王者，还需要突破两大难点。

★ 传统装修企业缺乏互联网运营经验，也没有很好的互联网技术作支撑，在打造装修 O2O 平台方面缺乏线上入口，不具备流量入口优势，在成功打造 O2O 平台方面面临较大的困难。

★ 许多装修企业布局互联网装修的策略只是将企业的线下业务转移到线上，以此搭建自己的 O2O 平台，而没有真正形成一个面向所有装修企业的开放平台。这样一来，就大大限制了消费者的选择空间。

◆ 线下实体家居店：以居然之家为代表

居然之家是一家线下家居连锁店，在"互联网 + 装修"风潮来临之前就已经开始筹谋打造装修 O2O 平台。在打造 O2O 平台方面，居然之家推出了"一体两翼"战略，"一体"指线下实体店，"两翼"指 O2O 设计服务平台与 O2O 一体化销售平台。其主要内容是以用户为中心，以"一体两翼"战略为支撑，为用户提供包括设计、装修、商品交易、社交网络在内的全渠道、全价值链的一体化的装修服务，以打造国内最大的线上线下一体化的装修 O2O 服务平台。

居然之家在打造装修 O2O 方面有很多优势。

第一，居然之家是一家全球连锁的家居店，品牌影响力也已形成，凭借这种品牌影响力，居然之家的互联网装修平台乐屋装修能在很短时间内获得消费者的信任与认可。

第二，居然之家线下实体店的客流很大，消费者在线下实体店能更直观地体验与感受装修效果、装修风格和装修质量。借此，对消费者来说，与居然之家打造的 O2O 装修平台合作，不用担忧装修质量。

第三，居然之家与很多知名的家居、装修建材供应商都建立了长期、稳定的合作关系，再次为装修质量提供了保障，让消费者可以安心、放心。

但是自进入互联网时代以来，市场环境发生了很大的变化，虽然在进入互联网时代之前居然之家能成功发展，但要想在互联网时代成功布局互联网装修，在线上做大做强却非常困难，其原因主要有两点。

★乐屋装修（居然之家旗下的装修品牌）坚持自营，虽然能很好地保障装修质量，却使其发展速度受到了很大的制约。目前，乐屋装修的业务范围仍局限在北京地区，迟迟不能向外拓展，且业务增长缓慢。在互联网环境下，开放是大势所趋，如果乐屋装修坚持自营，不对外开放，很难做大做强。

★居然之家属于大型家居超市，线下实体店的建设深受人流、交通、位置等因素的影响，很多城市都不具备使居然之家安家落户的条件。居然之家的“一体两翼”战略坚持以线下实体店为主，使其线上装修平台在地域上深受限制，难以更好地向外拓展。

4.2.4 资讯平台：依托流量优势整合各方资源

◆ 装修信息平台：以土拨鼠为代表

以土拨鼠为代表的装修 O2O 平台主要为用户提供装修信息服务，其模式与 58 同城非常类似。具体来说，土拨鼠等装修分类信息网站打造装修 O2O 平台有以下优势。

第一，土拨鼠等装修分类信息网站在为用户提供装修信息服务的过程中积累了一大批装修信息阅读者与装修公司资源，其中前者多为有装修需求的用户。在这两大资源的支持下，土拨鼠能顺利地进入互联网装修领域。

第二，很多用户都非常重视房屋装修，特别是有想法、有创意的年轻用户，他们在寻找装修公司之前往往早已设定好了装修风格，只有通过多番比较才能找到满意的装修公司。而土拨鼠为用户提供的信息服务恰好满足了用户的比较需求，为用户提供多种选择让其进行比较，以找到最合适的装修公司。

第三，土拨鼠通过为用户提供装修信息构建了一个庞大的装修入口平台，无论是在 PC 端，还是在移动端，土拨鼠都在流量入口方面占据了有利位置，能获得较大的用户流量。

但是，有利必有弊，以土拨鼠为代表的信息服务模式在进军互联网装修领域方面有两大缺点。

★从获利模式来看，土拨鼠通过引导顾客与装修公司对接，按比例从装修费用中抽取提成获利。这种获利模式在一定程度上增加了装修费用，使土拨鼠在价格方面失去优势，使一部分用户流失。

★虽然在保障装修质量方面土拨鼠也提出了第三方监管方法，但由于他们提供的信息服务数量多、质量不一，难以对装修质量全面监控，容易因装修质量问题引发顾客不满。

◆ 社区资讯平台：以篱笆网、太平洋家居为代表

篱笆网、太平洋家居属于家庭生活消费交流社区，主要面向年轻白领，为其提供装修、建材等服务。这类装修平台有三大发展优势。

第一，在这类平台上，消费者能与商家自由地沟通、交流，能有效增强用户对平台的黏性。同时，用户与用户之间在相互沟通、交流的过程中还能积累一些装修心得。

第二，在这种网络社区资讯装修平台上，零装修经验的消费者能获取一些关于装修方面的指导与建议，能学到很多关于装修、家居、生活等方

面的知识与技巧。

第三，从打造流量入口这个角度来说，这些网络社区资讯装修平台通过各种资讯吸引了大量用户，这些用户大多有装修需求，很有可能成为平台的准用户。相较于其他装修O2O平台，这些平台对消费者需求有更深入的了解。

但是，这些网络社区资讯装修平台很难成为互联网装修领域的王者，其原因有两点。

★ 这些平台有很强的社交属性与媒体属性，为用户提供的服务项目很多，装修服务只是其中一种，相较于成为专门的装修O2O平台，其更愿意成长为综合性的家居服务平台。正因如此，未来，面对装修O2O平台的冲击，网络在资讯发行平台的装修业务很容易落败。

★ 在现阶段，与这些平台合作的线下装修公司比较少，与其合作的实力雄厚的线下装修公司更是凤毛麟角。而在装修领域，消费者关注的是线下的装修质量与服务水平，在这方面，这些网络社区资讯装修平台完全不占优势。

4.2.5 传统企业：转型时代的产业链战略延伸

◆ 传统家居企业：以海尔有住网为代表

作为国内著名的家电厂商，在“互联网+”风潮下，海尔家居顺势而为推出有住网，之后，有住网推出百变加，彰显了海尔试图打造一站式家居的决心。在进军互联网家居方面，以海尔为代表的家居电器厂商有如下优势。

第一，海尔在国内市场深耕多年，其品牌影响力非常强大，获得很多中国消费者的信任与认可。以海尔强大的品牌影响力与丰富的地产资源为依托，有住网在很短时间内获得了消费者的认可，也获得了第一批用户资源。

第二，有住网推出的百变加主要面向年轻群体，为其提供装修解决方案。在这个平台上，用户可以定制家居产品，使其个性化需求得到了极大满足，备受年轻用户的喜爱。

第三，有住网不仅针对个体消费者提供个人装修方案，还针对企业、集团推出了装修套餐，满足了很多企业、酒店式公寓的集体装修需求。例如，万科、恒大、绿城等企业推出的部分精装房的装修就交由海尔有住网完成。

虽然海尔有住网背靠海尔，品牌实力强大，但要想成为互联网家居领域的王者，海尔面临两大难题。

★ 海尔有住网自我品牌的打造以自身实力为依托，没有完全对外开放。即便其实力再强大，最终也要听从平台的领导，有住网入驻齐家网就是最好的证明。从目前的发展形势看，有住网最终很有可能成为平台的一个供应商。

★ 海尔百变加试图借助智能终端设备对空调、地暖、家电、煤气阀等设备集中管控，但这个想法在落实的过程中会遇到软硬件不匹配、用户隐私安全受到威胁等问题。这些问题不解决，这个想法就难以继续推行下去。

◆ 传统房地产企业：以万科、恒大为代表

在互联网公司纷纷布局互联网装修的形势下，尤其是受小米试图借助爱空间进军智能家居，甚至试图将其业务拓展到智慧小区的影响，万科、恒大等地产巨头开始朝互联网装修领域进军。万科与天猫联手，恒大与海尔合作，开始积极布局互联网装修。相较于互联网公司与传统的线下装修企业，万科、恒大等地产巨头发展互联网装修有三大优势。

第一，万科、恒大等地产巨头实力强大，非一般公司所能较量。在多年发展的过程中，这些地产巨头积累了丰富的地产开发经验，与很多装修公司有过合作，能顺利地将其业务拓展到装修领域。

第二，在房地产领域，万科、恒大等地产巨头已建起强大的品牌影响力，并且拥有庞大的购房用户群体。如果万科、恒大等地产巨头打造自己的装修平台，很多购房者都会出于对品牌的信任选择他们自建的装修平台。

第三，万科、恒大等地产巨头为了维护自己的企业形象与品牌影响力，一定会想方设法保证装修质量。因为一旦装修质量出现问题，就会很容易失去消费者的信任，使品牌形象受损，进而使房屋销售受到影响，得不偿失。

虽然地产巨头进军互联网装修有很多先天优势，但也有很多先天不足。

★ 互联网经验不足。要想成功打造一个实力强大的装修O2O平台，并非拥有充足的资金就可以，企业必须具有互联网思维，必须引进互联网人才，一直致力于线下发展的地产巨头在这方面有很多不足。

★ 万科、恒大等地产巨头打造的装修平台面临是否开放的难题，平台不开放就难以发展壮大，平台开放又会使自家的装修公司受到外来装修公司的冲击，使利益受损。

4.2.6 其他平台：凭借各自优势布局装修O2O

◆ 装修设计平台：以酷家乐、爱福窝、谛力装修宝等为代表

近年来，以设计为切入点进军互联网装修的酷乐家、爱福窝、谛力装修宝等装修设计平台受到了资本的大力追捧。这类平台在打造装修O2O平台方面有以下优势。

第一，对有装修需求的用户来说，某装修公司、平台或方案能否被选择，设计是关键。酷乐家、爱福窝、谛力装修宝凭借别出心裁的装修设计吸引、聚集了一大批设计师与装修爱好者，在装修爱好者中有一部分就是有装修需求的用户。

第二，房屋不同，用户需求不同，对装修公司来说，如何为用户提供定制化的装修服务是最大的难题。而酷乐家、爱福窝、谛力装修宝推出了

让用户参与装修设计的服务，满足了用户对房屋装修的个性化需求，为其提供了极致的用户体验，有效地增强了用户黏性。

第三，酷乐家、爱福窝、谛力装修宝开发了云设计平台，让用户可以自己设计装修风格，同时，还降低了设计师、装修公司的操作难度，一举两得。

酷乐家、爱福窝、谛力装修宝以设计为切入点进军互联网装修市场确实是一个很好的模式，但这种模式要想成功突围也要解决两大难题。

★ 酷乐家、爱福窝、谛力装修宝这种互联网装修模式的进入门槛较低，采用同类模式的平台还有很多，如美家达人、我家我设计等，竞争异常激烈，酷乐家、爱福窝、谛力装修宝要想从中脱颖而出非常困难。其中我更看重谛力装修宝这个iPad移动端设计软件。它可以在量房的时候快速做出3D效果图，互动性和参与感都很强，可以更加精准地把握用户的需求，更容易打动用户。服务升级就是设计师通过更精准的沟通应对消费升级的这个大需求，"通过信息不对等赚钱"被服务升级取代将会是大趋势，移动互联网工具的普及让这个过程势不可当。

★ 从消费者的角度来看，装修设计平台以设计吸引消费者的注意力仅迈出了第一步而已，要想真正打造一个O2O平台，还必须保证装修质量，为消费者提供优质的售后服务，这些都是酷乐家、爱福窝、谛力装修宝等装修设计平台不擅长之事。

◆ 去中介化平台：以惠装网、新浪装修抢工长为代表

一直以来，价格不透明、施工没有保障都是装修行业的痛点。在这种情况下，惠装网、新浪装修抢工长等去中介化平台满足了工长与用户直接沟通、交流的需求，同时，采用监理的方式对施工过程进行监管，有效地保证了装修质量。具体来看，这类平台有三大优势。

第一，在这类平台上，工长能直接与用户沟通、交流，有效地提高了工长的接单效率，降低了沟通成本，增进了彼此之间的信任。

第二，很多装修公司都没有自己的装修队伍，它们与施工队之间是合作关系，在接到订单之后将订单承包给施工队，从装修费用中抽取40%～50%的费用。而在这类去中介化平台上，工长直接从用户手中接单，中间没有装修公司抽取提成，不仅压低了装修价格，帮用户节省了装修费用，还在一定程度上增加了工长的收入。

第三，一直以来，装修市场存在装修公司乱收费现象。这类去中介化平台使装修报价透明化，并推出了工地质量管理系统，对施工过程严格监管，有效地避免了发生乱收费、装修质量差等问题。

但是目前，这种去中介化平台也存在一些问题。

★ 装修服务难以实现标准化。虽然这类去中介化平台推出了工地质量管理系统，严格监管装修过程，但施工人员的技术水平、服务水平有高有低，使装修服务难以实现标准化。所以这类平台要想不断发展壮大，就必须提高施工人员的技术水平与素质，而这绝非一朝一夕之事。

★ 安全问题。工长在去中介化平台上接单，然后直接安排施工人员上门服务，在这期间，会有一些不法分子趁机混入用户家中行窃等，给用户安全造成威胁。

◆ 低价互联网装修平台：以美家帮、爱空间、蘑菇装修为代表

以小米旗下顺为资本拿出6000万元人民币为爱空间注资开始，“互联网+装修”开始火爆起来。随着顺为资本领投爱空间，互联网思维化的小米式装修被正式推出。小米在互联网装修领域的布局影响了其他装修O2O平台，在爱空间推出“20天将毛坯房变成精装房，699元/平方米”的装修方案的同时，美家帮推出了“777元/平方米全包”的装修方案，蘑菇装修推出了“599元/平方米整居全包”的装修方案，市场竞争的激烈度可见一斑。

美家帮、蘑菇装修等低价互联网装修平台在互联网装修市场上有三大优势。

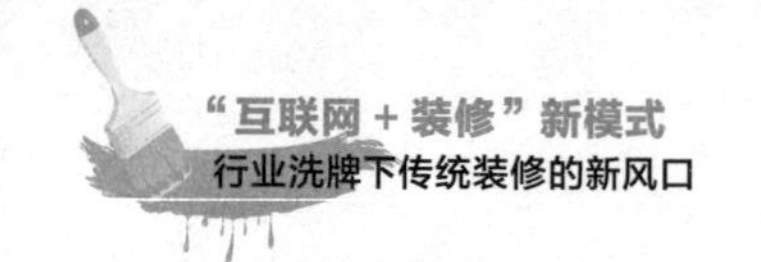

第一，这些低价互联网装修平台的思维模式与小米"不靠手机硬件赚钱，靠后期的互联网业务与增值服务赚钱"的思维相同，通过低廉的装修价格吸引、积聚用户，进而带动其他增值消费。例如，小米以爱空间为纽带，引导用户购买小米的智能家居产品，通过这种增值消费来获利等。

第二，对低价互联网装修平台来说，效率也是一大优势。例如，爱空间限定装修工期为20天，首先在视觉上给消费者造成冲击，吸引消费者的注意力；然后，通过严格把控装修环节质量，严格落实施工流程，在提高装修效率的同时也保证了装修质量与效果，提高了用户的满意度。

第三，低价互联网装修平台使用F2C模式，工厂直接为用户供货，保证装修材料、家居产品的价格最低，有效地降低了装修成本。同时，低价互联网装修平台采用口碑传播，节省了大笔宣传费用，为用户提供超高性价比的服务。

在看到低价互联网装修平台发展优势的同时，也要看到其在未来发展过程中面临的生存难题。

★ 低价互联网装修平台将低价视为核心竞争力，以此来吸引消费者。面对如此低的装修价格，消费者势必会担心装修质量，担心平台会借机提供许多增值服务等。低价互联网装修平台要想成功突围，就必须打消消费者的这种担忧，在低价的同时保证装修质量。

★ 低价互联网装修平台坚持零成本战略，为此，平台必须壮大规模，借助规模优势拓展新的盈利渠道，否则将难以实现长远发展。

◆ 天猫入驻平台：以装修e站为代表

装修O2O平台装修e站没有建设自己的线上渠道，先后寄托于天猫、齐家网，却获得了很好的发展。从某种程度上讲，装修e站确实走了一条不同寻常之路。那么，装修e站究竟是如何借助其他O2O平台实现快速发展的呢？

第一，装修e站在全国有400多家线下体验与服务中心，推出了装修

O2O一站式服务，保证服务标准化、价格透明化。借助良好的线下体验，装修e站获得了很多用户的认可，取得了用户的信任。

第二，装修e站对城市的中小型装修队伍进行整合，与主材厂家合作，推出了F2C模式，让厂家直接向消费者供应主材，压低了主材价格，构建了价格优势。

第三，装修e站没有自建平台，先是寄托于天猫，借助天猫这个强大的流量入口使季度销售额破亿元；后又与齐家网合作。借助这种寄养模式，装修e站在获利的同时节省了大笔平台建设费用与推广运维费用。

受这种寄养模式的影响，装修e站不会成长为互联网装修领域的王者，具体原因如下。

★ 从规模上讲，装修e站寄托于天猫、齐家网等平台，其规模不会超过天猫、齐家网，也无法对其他装修公司开放，其规模无法壮大，自然难以成长为王者。

★ 装修e站的优势在线下，在线上没有形成品牌影响力。再加之，装修e站在线上没有强大的入口作支撑，难以成长为互联网装修领域的巨头。

◆ 线上房产综合平台：以搜房网为代表

目前，搜房网可以说是国内最大的线上房产综合平台，实力非常强大。在爱空间推出“699元/平方米”的装修方案之后，搜房网就推出了“666元/平方米”的装修方案与其对抗。在进军互联网装修方面，搜房网等线上房产综合平台有三大优势。

第一，搜房网的业务类型非常丰富，房产资讯、新房与二手房交易、房屋出租、房产金融、房屋装修等，其用户规模异常庞大，其中不乏有装修需求的用户，这些用户就是搜房网装修业务的用户来源。

第二，在搜房网房天下这个应用平台上，用户可以自行选择施工工长、

设计师、装修材料，可以通过微视频提前了解装修风格，搜索、参观附近的施工场地，以更好地做出装修决策。

第三，搜房网与许多地产楼盘合作，对很多新楼盘的开发进度非常了解，在某个新房即将进入装修阶段时，搜房网可提前与用户沟通，实时了解用户的装修需求，为用户提供优质的装修服务。

但是在现实生活中，受多种因素的影响，搜房网也难以成长为互联网装修领域的霸主。其原因如下。

★ 搜房网的核心业务是房产交易，房屋装修只是搜房网的一个小业务，搜房网不会在上面花费太多的人力、物力与精力，该业务发展壮大比较困难。

★ 搜房网装修没有完善的质量监控与售后服务体系，难以得到消费者认可，难以获得长远发展。

总体来说，目前国内的"互联网 + 装修"市场正处于混战状态，无论是平台还是模式都多种多样，仔细分析，每一种平台与模式都既有优点，又有缺陷。最终，无论哪个平台成为互联网装修领域的王者，都必须具有以下特点：平台完全开放、质量让用户放心、售后服务让用户满意。

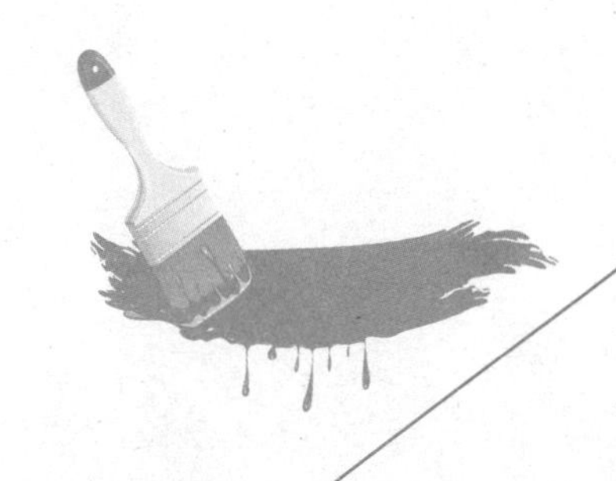

第5章

极致体验：

用户思维下的互联网装修实践

5.1 用户痛点：深度变革下，如何决胜互联网装修战场

5.1.1 解决痛点：互联网装修变革升级的关键

互联网装修是一个下游产业链很长的领域，拥有巨大的市场体量。"互联网+"新常态下，中产阶层群体规模不断增加、消费升级加速以及个性化消费体验的兴起等都对装修产品和服务提出了更高要求。如何将传统装修服务与互联网有机融合起来，通过"互联网+装修"的创新模式解决传统装修行业的弊病，为用户提供更好的问题解决方案和更优质的装修服务体验，成为互联网装修企业和相关创业者需要思考的重要内容。

当前，众多互联网装修公司都在基于自身特质和优势，不断探索更好的装修服务解决方案，实现互联网装修的深度运营，从而开启了一场基于新技术、新思维、新理念的互联网装修革命。

例如，互联网装修领域代表土巴兔推出了基于装修大数据的整体运营系统 Tumax 云设计系统，实现了从装修设计到选材的装修信息处理与运营；齐家网通过"千城计划"构建了国内最大的装修流量生态圈；百办快装则于 2016 年登陆资本市场，成为国内互联网公装平台第一股。通过深耕用户口碑和服务，实现了品牌影响力与公信力的持续提升……

“互联网+”的深化发展使更多消费者形成了线上消费的习惯，从而又反过来推动更多传统行业领域的互联网化转型升级。互联网装修企业希望通过互联网与传统装修服务的深度融合，实现装修产业的变革升级。然而，由于涉及行业多、范围广、问题多，在经历了激烈的“乱战”之后，互联网装修的问题与弊病依然存在，装修行业的变革转型之路任重道远。

在以用户为中心的“互联网+”时代，“流量即效益”，企业只有努力获取更多的有效流量，才能赢得资本市场的青睐，在激烈的市场竞争中成功存活和发展。当企业将关注重心放在流量规模上时，必然会忽视产品或服务的质量。因此，虽然互联网装修市场涌入了越来越多的参与者，竞争不断升级，但在装修产业质量和用户体验方面并没有太多改观，传统装修的问题与弊病依然存在。

从设计到施工、从原材料采购到运输、从设计师到工人等，互联网装修涉及的行业范围之广、产业链之长是很多领域无法相比的。企业只有深入产业链之中深耕细作，实现互联网与装修产业的深度融合，才能真正解决传统装修服务的痛点，推动装修产业的变革升级。

不过，资本的趋利特点导致互联网装修企业为更快获取资本青睐，通常只是浅尝辄止地对传统装修行业进行改造，而将更多精力放在了制造营销噱头以吸引更多流量上，这显然无法真正改变装修行业质量，为用户带来更好的装修体验。

这也是为何互联网装修行业在2015年资本大战后，依然没能向人们真正展现出“互联网+装修”的巨大价值——即便是融资成功的互联网装修巨头，也没能沉淀下来对装修行业进行精耕细作的深度改造。

其结果是，装修行业的诸多问题和弊病不仅没有多大改变，甚至很多时候让用户的体验变得更差。例如，一些被互联网装修理念和营销噱头吸引的用户，最后不仅没有体验到企业描绘的互联网装修的美好蓝图，反而常常陷入企业的“陷阱”之中：整体设计不切实际、具体施工不到位、原

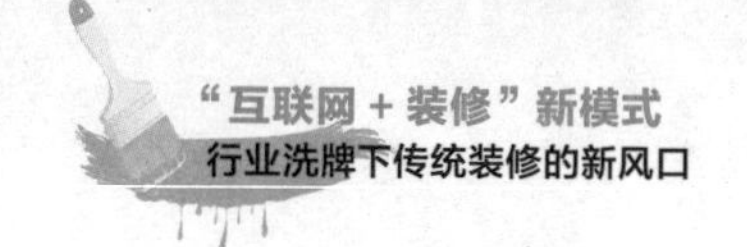

材料以次充好等。

企业只有真正深入装修产业链的每一个流程，利用互联网思维、技术、工具实现资源的有效整合与各方协同，才能为用户提供一站式的优质装修服务体验，真正实现传统装修行业的互联网化转型升级。

当前来看，虽然一些互联网装修公司借助互联网技术手段实现了室内设计、原材料采购、施工、监管等诸多环节的整合，但却没能实现各流程的有效连接交互，因而也就无法真正打造一个具有自我"造血"功能、内部各子系统良性互动的完整的装修服务生态系统。

以供应链系统为例，很多互联网装修企业都会通过整合生产厂商与用户之间关系降低原材料生产运输等环节的成本，提高装修效率。然而，由于没有构建完整的装修行业生态系统，供应链环节不能与设计、施工等其他环节进行深度有效的对接交互，难以准确获取设计和施工的真正情况与需求。结果，由于装修行业不同环节间沟通交互成本的增加，供应链整合不仅没能提高装修效率，反而造成效率下降。

因此，企业只有构建并不断完善互联网装修生态系统，实现装修行业各环节间的良性深度交互，才能真正提高效率，为用户创造更优质的装修服务体验。

另外，施工质量难以保障依然是互联网装修的主要痛点。互联网装修对传统装修深度改造最直接的体现是提高施工质量，为用户创造更好的装修体验。而要实现这一目的，需要企业对装修价值链的每一个环节进行严密有效的管理控制，保证每一个施工流程都符合相应的质量标准。

然而，虽然很多互联网装修公司都利用先进的信息化技术手段对装修施工现场全天候监控，但这些监控多是针对某一个或几个环节，并没有实现对装修服务全流程的管控。结果，互联网装修公司最多只是保证了被监控环节的质量，而其他更多环节与流程的施工质量依然难以保障，自然也无法实现通过互联网改造提高施工质量、为用户提供更优质装修体验的目的。

5.1.2 融合痛点：技术与装修融合缺乏有效性

在“互联网+”接近尾声的时刻，互联网装修表现出的发展态势愈加清晰、鲜明，开始利用互联网新技术改善行业痛点，挖掘行业功能，进行自我调整。当然，由于装修行业的产业链过长，即便与互联网整合在一起，也难以在短时间内借互联网新技术打破行业壁垒。用户痛点不减反增，互联网技术难以发挥威力，行业改变愈发艰难，这些问题都充分表明，互联网装修尚未完成，要想真正解决用户的装修痛点，互联网装修还需付出诸多努力。

众所周知，装修行业非常注重用户体验，从这方面看，目前，互联网装修达到的效果距离预期效果还有很大的差距，因为在与互联网结合之后，用户的装修痛点不减反增。在这种情况下，互联网不仅没有改善用户体验，更没有对传统装修产生颠覆作用。

只要存在用户痛点，互联网装修对传统装修的改造任务就尚未完成。就目前的情况看，互联网装修才刚刚开始，未来，互联网装修还要经历一段漫长的发展之路。

解决用户痛点，为用户提供一种独特的装修体验，帮用户规避装修陷阱是互联网装修的使命。鉴于其他行业借助互联网实现成功改造，装修行业也寄希望于互联网，开始将各种互联网技术用到装修行业中来，借用户互联网使用习惯、网购习惯养成之机让消费者选择互联网装修，获取更多用户，并为用户提供一种独特、优质的装修服务。

随着传统装修与互联网深入结合，云端处理技术、数据整合与利用技术、实时数据传输技术等一系列互联网技术被引入互联网装修领域。这些技术有一个共同点：与互联网联系紧密，只有借助互联网其作用才能充分发挥出来。从某方面看，这些技术大多是互联网的衍生品，互联网装修将这些技术与装修行业联系在一起。那么，装修行业是否真的需要利用这些技术进行改造呢？

事实上，对装修行业来说，这些技术并不是刚需，其原因在于：互联网技术与装修行业被强行结合在一起，具体来说就是，很多互联网技术都没能以一种自然合理的方式与装修行业产生联系，大多是通过人为干预与传统装修结合在一起的。

以 BIM 系统为例，互联网装修利用该系统对各个装修环节进行整合不存在任何问题，问题在于 BIM 系统的很多功能与装修行业的结合都非常生硬。例如，在传统装修模式下，设计师要先与用户进行一对一的沟通来了解用户需求，再设计装修方案。而在互联网装修模式下，为了提高装修效率，互联网装修对设计方案统一处理。就效率来说，这种整合确实提高了装修设计效率；但是从体验方面看，这种整合也确实影响了用户的装修体验。

因为在这种模式下，用户只能从几个给定的设计方案中挑选一个方案，难以满足个性化装修需求。虽然通过这种方式，装修设计过程中的资源浪费问题得以有效解决，但用户利益却因此受损。这种整合大幅缩小了用户的选择空间，用户的装修痛点不仅没有减少，反而有所增加。

用户的装修痛点不减反增，由于扼杀了用户的个性化需求，传统装修与互联网结合之后所获得的提升比较有限。从某方面看，传统装修与互联网结合之后不仅没有进步，反而有所退步，以长远的目光来看，互联网装修难以从这种有限的提升中受益。

5.1.3 效率痛点：亟须建立装修行业标准体系

以资源整合提高装修效率是互联网装修一个非常重要的营销点。众所周知，装修行业的产业链比较长，涉及的行业、工种比较多，借互联网技术整合来提高行业效率是一个非常有建设性的想法。但是，互联网装修忽略了一点，就是装修行业对标准化的要求不高，效率提升的关键不是产业链整合，而是标准化。

装修行业的标准化应有一定的限度，如果让装修行业全面实现标准化，不仅不能提高装修效率，还会导致装修效率大幅下降。例如，在 F2C 供应

链模式下，互联网装修平台会收集用户对建材的个性化需求，将这些需求汇总给建材商，建材商根据用户需求安排集中生产与配送，以此来提高建材供应效率。但是，这种供应链模式并没能切实提高装修效率。因为用户散布在各个地区，建材必须按照传统的一对一的方法进行配送，难以实现统一配送，物流成本难以减少。

另外，用户需求各有不同。以瓷砖为例，从规格方面看，用户对瓷砖的需求只有为数不多的几种；但从花色、形状方面看，用户对瓷砖的需求却各有不同；从瓷砖生产厂商的角度看，为了逐一满足用户需求，瓷砖生产成本也会有所增加。也就是说，对瓷砖生产厂商来说，装修企业使用互联网技术收集、整理用户需求，导致其满足用户个性化需求的成本有所增加，使其利益受损。

所以，互联网装修为满足用户个性化需求所发起的各种活动并没能切实提高装修效率，节约装修成本。甚至，从某方面看，互联网装修效率还因此有所下降。简单来说，**以提升装修效率为目的的互联网装修并没能切实提高装修效率。**

互联网装修以期通过在装修行业引入互联网技术来改变传统装修在消费者心目中的形象，丰富装修行业的概念，为装修行业赋予酷炫的特点。但是在实际落地的过程中，互联网装修公司的这一愿景却没能实现，互联网装修没能产生酷炫的效果。

互联网装修想借互联网技术改善用户体验，但在实际应用中，这种想法的落地却受到了一定的阻碍。例如，互联网装修公司利用APP对施工现场进行监管，将施工现场联网，将施工画面通过网络上传到APP中，用户无须亲临现场，只需通过APP就能实时查看装修进程与装修效果。如果互联网装修公司的这个想法能落地，相较于传统装修，互联网装修会变得酷炫非凡。

但事实却是很多装修施工现场不能联网，或者网络很差，装修画面难以顺利上传到APP，用户无法流畅地观看装修视频。即便是用户能看到装

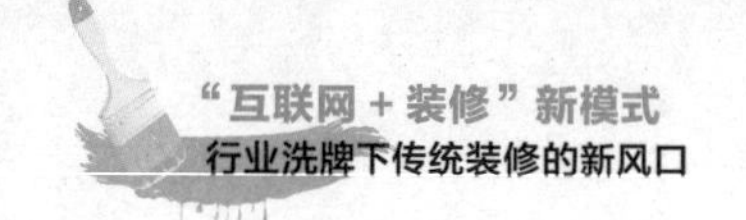

修视频，装修工序是极其复杂的过程，用户也无法分辨视频里的施工情况的好坏，即使用了不环保的材料或不合格的材料，用户也无法去辨认。在这种情况下，用户非但没有获得酷炫的装修体验，还产生了更多不安。为了能切实控制装修质量，用户还需前往施工现场查看、监督。装修企业以打造"酷炫"装修体验的目的与互联网结合，最终互联网装修这个愿望却没能落地。

5.1.4 管理痛点：缺乏科学完善的全流程管理

为用户创造优质的服务体验向来是互联网装修从业者关注的焦点，如何打破传统装修领域的行业痛点，充分满足广大消费者的个性化装修需求是每一个装修从业者需要思考的重点问题。在实践过程中，为了提升用户体验，不同的互联网装修公司采用了差异化的做法，从而衍生出多种互联网装修模式。

从行业长期发展的角度看，从业者的积极探索对互联网装修产业走向成熟十分有利，它使整个产业富有生机，充满了各种发展机遇。和出行、教育、餐饮等行业明显不同的是，装修与互联网的结合更复杂，产业链环节众多，用户需求十分多元，这造成互联网装修企业很难定位一个有效的切入点，来提升用户体验。

房地产业的蓬勃发展对装修行业的发展无疑起到了十分强大的推动作用，和房地产业在我国经济增长中扮演的角色类似的是，未来的互联网装修行业也将成为互联网经济的支柱性产业之一。从本质上看，装修与互联网的碰撞融合很好地证明了"互联网 +"的强大颠覆性。

装修行业的复杂性决定了其用户体验会受到诸多环节的影响，虽然消费者感知的是一个整体的装修结果，但这个装修结果受到多个环节的影响，如果其中的一个环节出现问题，就会造成用户体验下滑，甚至给企业带来严重的负面影响。

例如，人们在日常生活中感知装修公司的布线及排线是否科学合理，主要是通过使用电器时是否流畅及安全决定的，但后者明显是由很多方面的因素决定的，其他环节出现故障也会让消费者认为布线及排线存在问题。与此同时，排线及布线不合理也会对泥工、木工的施工带来阻力，例如，可能因为线路的突起，导致无法达成用户预期的装修效果。

也就是说，我们不能将各个装修环节作为一个孤立的环节，必须充分考虑与之关联的环节，并设计出更完善的装修服务解决方案，才能赢得顾客的信任，其中一个细节出现错误，可能会导致装修出现一系列问题。

互联网装修企业对传统装修行业进行改造，往往是选择其中一个或者几个环节，而不是实施整体改造。从实际发展情况看，目前互联网装修公司主要是从设计、施工、材料及工程监管几个维度对传统装修进行改造。这决定了在为消费者提供装修产品及服务的过程中，有些环节的痛点无法有效解决，从而给用户体验带来了负面影响。

技术及设备的限制使互联网技术对装修行业的改造仅涉及部分环节，而且这些环节之间难以实现无缝对接。这种特征对互联网装修产生的一个最突出的负面影响就是施工工期无法得到有效控制，因为互联网装修企业目前很难做到对所有装修环节的高度整合及有效控制。

不难发现，很多乐于尝试新事物的消费者在体验互联网装修产品及服务过程中，仍会遇到很多传统装修的行业痛点，而且由于割裂的装修环节，导致互联网装修服务体验甚至比传统装修还差。虽然传统装修公司存在装修成本高、工期冗长等诸多问题，但因为其对各个环节有较强的把控能力，所以能够确保最终的装修结果。

装修流程管理问题得不到有效解决，互联网装修公司对最终的装修效果也会缺乏足够的控制力。即便互联网装修企业在各个环节上都对传统装修进行了改造，但如果没有一套科学、完善的装修流程管理体系，最终的装修效果也很难让消费者满意。之所以很多互联网装修企业选择从工长角度切入来改造传统装修，最核心因素就是工长对整个装修流程有较强的控制能力。

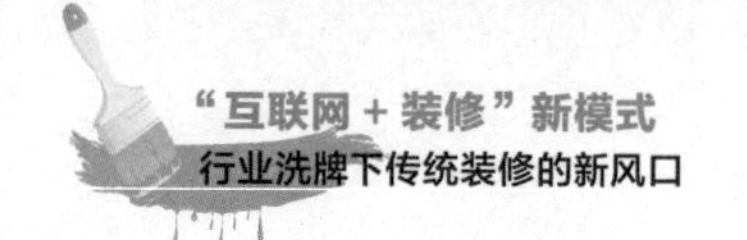

缺乏科学完善的装修全流程管理体系也是导致互联网装修受到很多业内人士质疑的一大重要因素，没有全流程管理体系的支撑，互联网装修企业就如同散兵游勇一般，很难给装修行业带来颠覆性变革。

装修服务的系统性与复杂性要求互联网装修企业必须将其作为一个整体性工程对待，实施装修全流程控制，避免因为某一个环节或者多个环节出现问题而产生连锁反应，造成消费者无法达到预期的装修效果。装修行业作为一个十分注重用户体验的行业，如果互联网装修不能给消费者带来优质的用户体验，这种所谓的颠覆性创新就根本没有存在的必要。

只有真正解决用户体验问题，并在此基础上满足消费者的个性化需求，互联网装修企业才能实现持续稳定的发展壮大，使互联网装修能够回归到为用户创造价值的本质上来，而不是通过融资烧钱、鼓吹概念吸引消费者。

5.2 体验至上：实现互联网与传统装修的深度融合

5.2.1 自我变革：以解决用户痛点为根本宗旨

由于传统装修与互联网属于浅层次结合，互联网装修要想彻底颠覆传统装修还需进一步变革。所以，未来，互联网装修还将迎来一场新变革，这场变革很有可能出自装修行业本身，其威力可以想见。

互联网装修之所以没能颠覆传统装修，其原因在于互联网技术是一种外部力量，互联网装修一直以来都在借这种外力改造装修行业。在整个过程中，互联网装修难以借鉴互联网技术在其他行业成功应用的经验，甚至很多在其他领域应用得非常成功的互联网技术被引入装修行业之后也失去了应有的作用。

例如，有的互联网装修公司将自己打造成一个平台，以期通过对装修公司、设计师、工长、工人、用户进行整合来提高装修效率。这种互联网思维在其他领域有很多成功的应用，如阿里巴巴、京东等电商平台就借这种思维改善了用户体验，实现了飞速发展，但这种模式在装修领域没能发挥出应有的作用。

因为互联网装修平台缺乏对装修公司、设计师、施工人员、工长、用户等主体的控制，如一些用户在装修平台选择装修公司，其装修效果没能达到用户的要求，用户不得不采用传统的装修模式进行装修。从本质上看，互联网装修这种借外部力量的装修模式始终未能触及装修行业的本质，难以对传统装修产生颠覆性的影响。

要想使传统的装修行业彻底改变，就必须从装修行业本身出发，从内部开始寻求改变，以真正获取装修行业亟须改变的内容。例如，装修前的测量，在传统的装修模式下，装修公司通过手工测量获取的数据往往不太精准，导致装修设计、原材料配置出现问题。为了提高测量数据的准确性，装修公司可将智能测量工具引入实际的测量过程，为装修流程的顺利开展提供极大的保障。

只有这种源自装修行业本身的力量才能让装修行业与互联网实现深入结合，才能让装修行业产生质变；只有与装修行业本身结合得异常紧密的新技术才能增强变革效果。

互联网技术没能彻底颠覆传统装修行业的一大原因就是，互联网技术与装修行业本身脱离，以一种非常生硬的方式强行与装修行业结合，以期通过与装修行业产生联系来颠覆装修行业，使其从本质上获得改变。但是，面对产业链较长的装修行业，互联网技术显得有心无力，从本质上改变装修行业的想法难以实现。

只有将互联网新技术与装修行业深入结合，才能让互联网新技术在装修行业施展威力，让装修行业产生本质的改变。为了让新技术在装修行业得到有效应用，互联网装修企业必须找到合适的切入点。以大数据为例，要想让大数据技术在装修行业得到有效运用，就要使用大数据收集装修行业的相关数据，再利用这些数据对装修行业进行指导，只有这样，装修行

业才能明确行业的真实发展情况，只有凭借这些情况，装修行业才能更好地变革。

所以，只有以装修行业为基础的新技术创新才能推动装修行业更好变革，只有引导新技术深入装修行业，新技术才能发挥更大的作用，装修行业的变革效果才能更明显。

只有以各大装修元素为基础的创新才能推动互联网行业发生整体性的变革。目前，互联网装修的创新多为外部创新，装修本身几大元素的创新非常少。对装修行业来说，这种外部创新难以发挥出较大的作用，难以从本质上让装修行业发生变化。

事实上，装修行业的产业链非常长，在这个行业中，几乎每个元素都能衍生出一个丰富的产品门类。仅凭互联网技术，这些元素很难发生本质性的改变，自然，互联网装修也难以因此发生本质性的变革。

所以，要想借互联网技术让装修行业发生本质性的变革，就必须以装修行业的各大元素为基础，从根本上对这些元素进行创新，真正从这些元素出发对装修行业进行变革，待这些元素被彻底改变之后，它们组合在一起形成的互联网装修会给用户带来不一样的体验。事实上，在装修行业改变之前用户体验就已形成，这样一来，用户的装修痛点就能有效解决，互联网装修也能获得本质性的变革。

现如今，互联网装修才刚刚起步。在互联网装修的上半场，互联网技术从外到内对装修行业施力，用户的消费习惯被改变，装修行业本身并没有受到多大的影响；在互联网装修的下半场，互联网装修开始从内向外变革，引导装修行业各大元素产生变革。待这些变革完成之后，互联网装修的组成要素就能发生本质性的改变，互联网装修也就能获得本质性的变革。

5.2.2 思维转变：从流量获取到专注用户口碑

目前，互联网装修行业正在全面改革，该行业在开端时期的发展主要聚焦于流量因素，如今，质量因素正在占据越来越重要的地位，逐渐成为行业关注的核心。互联网装修行业诞生在互联网时代的背景下，同其他互联网行业一样，其早期发展也将流量获取作为重点。为了增加流量，进而提高企业运营效率，不少互联网装修企业纷纷开设实体门店，再把线下流量迁移到线上渠道。

在互联网高速发展的今天，互联网装修行业也显现出不同以往的发展趋势。越来越多的企业开始注重用户体验，并采取措施加快装修进程。部分互联网装修企业的经营者认为，在新一轮的装修革命中，能够在装修质量及口碑建设方面取得优势的企业，才能顺应时代发展的需求。

虽然从宏观角度分析，互联网装修的发展仍然有待完善，但随着全面改革的实施，在此背景下的互联网装修也体现出不同以往的新特征。从装修用户与用户的角度来说，该行业的调整将使他们从中获益，如今，互联网装修行业的改革还在进行中，该领域在发展过程中也将不断涌现出不同以往的新特点。

如今，用户口碑正成为企业关注的焦点因素。早在互联网装修发展的开端时期，全局性的互联网发展背景与资本因素是该领域发展的主要驱动力，那时，流量在互联网装修企业的竞争中占据重要地位。为了吸引投资者的目光进而得到资本支持，互联网装修企业采取多元的措施增加自身用户数量，企图获得更长久的发展。

出于增加用户数量的目的，互联网装修企业纷纷在城市地区进行市场拓展，通过增设实体门店吸引更多用户，并将其转化为自己的消费者。由此可见，早期互联网装修行业的发展主要聚焦于获取用户及积累流量。例如，知名互联网装修企业齐家网、土巴兔等都推出线下门店开设计划，通过进一步巩固自身的流量基础，抢占更多市场，从而在竞争中占据优势地位。

当互联网装修行业发展到一定时期，企业由最初的专注流量获取，逐渐转向重视提高质量，用户口碑成为互联网装修企业的关注重点。随着外部市场环境的变化，越来越多的互联网装修公司力图发挥口碑效应，扩大品牌覆盖范围，吸引更多顾客，积极发挥用户的二次传播作用，将其作为提高品牌影响力的有效手段。与此同时，互联网装修公司更加注重装修质量，通过良好的装修成果呈现，达到吸引新用户的目的。

从根本层面分析，吸引用户方式的转变，反映出互联网装修减少了营销环节的盲目性，也体现出互联网装修行业正在进行改革。该行业在初始发展阶段，只是打着“互联网装修”的名号吸引用户，而当传统装修行业在各个运营环节应用到了互联网技术，体现出互联网的渗透作用时，互联网装修的发展就不再局限于理论层面，而是通过新技术的应用加速了装修进程，同时保证装修质量，切实提升了用户体验，这才进入了真正的互联网装修时代。

5.2.3　技术运营：大数据实现全流程无缝对接

随着“互联网 +”在各行各业掀起的风暴不断扩大，越来越多的新技术将会进入我们的日常生活及工作中，与现有技术相比，这些技术对传统行业的影响更深远、全面。更关键的是，它们能够有效解决互联网装修行业存在的诸多痛点。

一场声势浩大的互联网装修产业革命即将来临，充分满足用户个性化需求的整体装修时代正向我们迎面走来。将离散、复杂的个性化需求进行整合的正是这些新技术，它们将对互联网装修的诸多环节全面改造。

例如，大数据技术将会在互联网装修的各个流程得到广泛应用。在装修领域，数据测量无疑是最为基本也是最为重要的一个环节，而大数据、物联网等技术的应用，将会使互联网装修实现智能测量。对得到的测量数据进行处理及分析，使互联网装修企业可以挖掘更多的潜在消费需求，并为装修设计、采选采购、工程施工、工程监管及验收等诸多环节提供强有力的支撑。

这些海量用户数据将会成为互联网装修企业的一笔宝贵的无形资产。在传统装修服务过程中，虽然装修公司也会测量这些数据，但他们不认为其中存在值得挖掘的价值，工程结束后，这些数据往往被直接遗弃。

掌握了这些数据的互联网装修企业将会实现对装修的设计、选材、施工、监管、验收等诸多环节的有效控制，为消费者提供充分满足其个性化需求的装修方案。

更关键的是，互联网装修方案能够实现数字化。在装修过程中，消费者只需要将装修方案的相关数据和装修实时测量的数据进行对比，就能了解装修质量是否合格、施工进度是否符合标准等。这种通过客观真实的数据实现装修全流程管理的方式，显然比人力监管要更精准、高效。

基于行业标准及监管政策制定出的装修流程管理体系，在真正落地过程中，无法避免主观性较强的弊端，而通过精准客观的数据对装修流程进行管理，能很好地将装修整体效果的偏差控制在一个合理的范围内。这种装修产品及服务会更加符合消费者的需求，传统装修行业的痛点将有望得到真正解决。

新技术的应用将使互联网装修的各个环节实现无缝对接，单纯的互联网或者移动互联网技术之所以未能真正改造传统装修行业，最关键的问题是它无法将装修的整个流程串联起来。未来，互联网装修企业将会应用更多的新技术改造传统装修，并影响最终的装修效果。

如 AR/VR 技术的应用使消费者在装修施工现场、装修效果、装修监工虚拟及现实之间自由转换。它将应用到装修过程中的装修设计、工程施工及工程监管等诸多环节，并将参与装修价值创造的用户、施工团队及监管人员等主体联系起来，互联网装修的各个环节也不再处于割裂状态，而是以一个整体性的装修服务解决方案面向消费者。

基于大数据、云计算、移动互联网等新一代信息技术打造的云端处理系统，将会为互联网装修全流程的无缝对接提供强有力的支撑。在装修服务过程中，云端处理系统将会扮演最关键，也是当下互联网装修企业普遍缺失的数据处理及整合中心的角色。利用云端处理系统，互联网装修企业将对装修产生的实时数据、用户需求变化等有效处理，并将整个装修流程串联起来，为消费者提供优质而完善的装修服务体验。

虽然部分互联网装修公司正在积极尝试打造这种云端处理系统，不过现有条件下，这种云端处理系统几乎不可能被打造出来，更不用说让其实现对装修全流程的控制。只有物联网、云端处理技术相对成熟后，这个目标才能真正实现。

云端处理系统真正落地以后，传统装修及互联网装修中的问题才能得到有效解决，互联网装修也将成为一个全流程无缝对接的有机整体，我们也将迎来一个个性化及差异化需求得到充分满足的整体装修时代。

互联网装修各个环节割裂等痛点是导致顾客难以获得优质的用户体验的根源所在。未来的互联网装修产业将会朝着整体化方向演进，仅通过现有的互联网技术无法有效解决这一问题，只有引入更多、更成熟的新技术，才能实现装修各个环节的无缝对接，整个装修产业也将真正完成互联网化转型。

有些人认为互联网装修的整体化可能会不利于满足用户的个性化需求，但事实上二者并不矛盾，从业者需要解决的是重点问题：如何在实现个性化与整体化的同时，提升用户体验。只有用户体验得到有效提升，互联网装修的价值才能充分体现，消费者也会愿意为之买单，最终使互联网装修摆脱烧钱大战，推动整个互联网装修产业不断走向成熟。

5.2.4 流程管理：提升互联网装修的把控能力

互联网装修行业快速崛起的一个重要原因，是其借助互联网手段提供了解决传统装修问题和弊病的有效方案，因而受到众多消费者的追捧。从这个角度看，互联网装修公司只有树立用户思维，通过各种方式不断提升用户的装修体验，才不会徒有虚名。

传统装修有两个重要痛点：一是在施工结束前用户无法直接体验到装修设计的效果，二是施工服务质量难以保障。

对第一点，越来越多的互联网装修公司开始借助 VR/AR 等新技术提升用户的装修体验，让用户提前感受未来的装修效果。例如，VRHome（虚拟现实装修平台）基于空间体验系统将虚拟环境与真实物体进行实时叠加，让用户可以借助三维动态视景和实体行动的系统仿真，更真实、全面地了解装修情况。

一起装修网在2015年年底完成A轮融资时就通过战略投资VR装修领导者美屋365进行VR布局，将VR技术深度应用到装修设计环节，为用户创造了“所见即所得”的沉浸式全新装修体验。装修设计网站酷家乐则依托VR技术推出了360°无死角的全景沉浸式装修效果体验模式，让用户可以直接“进入”未来装修好的房子中体验装修效果，从而最大限度地消除他们在装修过程中的疑虑。

施工服务一直是传统装修的最大痛点，但大部分互联网装修公司都没能解决这个饱受用户诟病的环节，对传统装修服务的变革停留在浅尝辄止的表层，没有深入施工服务这一核心内容。

当前，一起装修网在这方面做得相对较好，从2016年开始在全国范围运营推广自营的互联网整装业务，深耕施工服务，通过打通整个装修链条，不断提高施工质量、工期、整个主材商的衔接、全程施工的管理和用户体验等服务标准，从而借助用户口碑积累实现了每月业绩增速超过50%。

施工服务是饱受用户诟病的环节，也是很多装修公司最容易出现问题的地方，其重要原因在于多数装修公司都没有建立一整套严密高效的施工全流程监控体系。

做到全流程监控的一个主要切入点是，互联网装修公司充分发挥自身作为第三方平台的监督功能，通过将所有装修环节纳入监控体系的方式促进全流程监控的落地。例如，一起装修网通过装修管家APP实现对施工过程的全流程监控，通过微信群与用户实时交流装修进程，快速响应和处理用户的线上投诉，最终构建一个装修全流程的闭环系统。

除了APP，未来互联网装修公司还将利用更多的互联网新技术把所有装修环节整合到全流程监控闭环系统，在不断提高施工效率的同时，也保证互联网装修的整体质量，从而促进互联网装修模式的顺利落地。

随着互联网装修从资本助力下的野蛮成长阶段逐渐回归理性，未来成功的互联网装修公司将是以用户体验为中心、注重积累用户口碑、深耕装修服务质量的公司。互联网装修公司对传统装修的变革改造将从浅尝辄止的表层转向深度介入行业全流程的各个环节，以用户口碑为归旨，利用全流程监控手段保证施工质量，从而有效解决传统装修行业的诸多痛点，为用户提供更优质的装修体验，让互联网装修"名副其实"，而不再只是一个概念和营销噱头。

5.3 构建口碑：一场基于用户思维的装修体验革命

5.3.1 用户口碑：回归互联网装修的商业本质

互联网装修企业要通过互联网手段对传统装修行业变革升级，首先必须深刻理解"互联网 +"时代用户思维的真正内涵——以用户为中心不只是让企业获取更多流量或将目光局限在用户数量的增加上，更重要的是通过互联网手段对装修行业的每一个流程精耕细作，不断提高装修质量，真正为用户带来更好的装修体验。

当前，土巴兔、齐家网、一起装修网等互联网装修领先企业已充分认识到用户思维的深刻本质，不断在装修质量方面深耕布局，以用户口碑和用户体验为切入点开启互联网装修行业的深度变革，真正发挥"互联网 + 装修"的巨大价值。

总体来看，用户思维下互联网装修实现深度变革的切入点包括以下几个方面。

资本驱动下的互联网装修关注的焦点是用户规模的增加和流量变现。生存压力和对短期利益的追求使很多公司脱离了互联网装修的初衷和本质，不能沉淀下来在装修质量上下足功夫，而是通过新概念和营销噱头吸引用户，影响了互联网装修产业的良性长远发展。

互联网装修的质量如何，最直接体现在用户口碑上。因此，互联网装修要实现对传统装修的变革升级，必须将关注点从流量和变现转移到用户口碑上，基于用户口碑建立外部监督与自我监督有机结合的质量管控模式，实现行业的自我涤荡，真正发挥“互联网＋装修”对传统装修服务的优化升级功能。

其实，与利用营销噱头吸引用户相比，用户口碑传播才是互联网装修企业实现用户体量增长、提高知名度与影响力的最佳方式；同时，通过口碑传播获得的流量也更容易转化为企业的真正用户，从而降低了市场推广和用户运营维护成本，让企业可以投入更多的资源和精力聚焦装修质量，使用户真正体验到互联网装修的价值。

用户口碑的最大作用是推动互联网装修公司进行自我监督。概念炒作和营销噱头可能会带来短期流量，却无法让企业获得好的用户口碑。互联网装修公司要真正赢得用户的认同与信赖，就必须在装修质量和材料品质上下足功夫，通过强化自我监督切实保障装修质量，为用户创造优质的装修服务体验，如此才能获得正面的用户口碑。

一起装修网是国内互联网装修公司中比较注重深耕用户口碑的。公司创始人黄胜杰通过自上而下的制度设计，保证了整个团队始终围绕用户口碑开展工作：制定了“十大用户服务保障政策”，承诺不会删除公司论坛中的任何一个投诉帖；要求相关人员必须在30分钟内对用户反馈做出响应，并100%地解决用户投诉问题；在每一个工地、每一个用户群中都要明确展示公司投诉专线，对没有落实该政策的相关人员罚款50元/户，若因此收到用户投诉则追罚责任人200元/次；公司每两周举行一次用户见面会，

每月拿出一天时间抽查工地情况。

通过对用户口碑的长期深耕，一起装修网成为名副其实的装修口碑平台，并通过口碑传播获得了众多高质量用户。相关数据显示，一起装修网中源于口碑推荐的用户比例高达70%。

以用户口碑倒逼互联网装修实现自我涤荡，推动企业将焦点放到提高装修质量上，有利于从根本上改变以往对传统装修浅尝辄止的改造方式，构建完整的互联网装修生态系统，拓展互联网装修市场的想象空间，建立良性可持续的发展模式。

5.3.2 注重体验：为用户提供极致的装修体验

口碑的建立体现出互联网装修得到了用户的接受与认可。互联网装修企业要建立用户口碑，不仅要在营销环节下功夫，还要切实优化用户的装修体验，使用户感受到互联网装修的优势，在认可其运营的基础上进行二次传播。在这个阶段，互联网装修平台不仅要注重用户的获取，还要将更多精力用于装修项目的完善及质量的提高。

互联网装修企业最应该关注的是质量问题。虽然大多数装修企业都明白装修质量的关键性，也清楚地认识到质量因素与用户获取及转化息息相关。然而在传统发展模式下，多数互联网装修公司都专注于流量获取而非提高质量，企用户要通过流量积累与转化来推动自身发展。

在互联网时代下，用户可以通过多种渠道了解互联网装修的各方面信息，他们逐渐认识到，互联网装修企业的作品展示无法代表最终的装修效果，用户真正在意的是互联网装修企业的运营究竟能否提升他们的装修体验，为他们呈现良好的装修结果，满足他们对高品质生活的需求。

在用户需求的驱动作用下，互联网装修公司提高了对装修质量的重视程度，企业在运营过程中，开始通过优化装修施工环节体现自身的竞争实力，实现传统装修行业与互联网之间的深度结合。互联网装修企业在思维层面的变化能够进一步推动整个行业的改革，是互联网装修的升级式发展。

换个角度说，互联网装修行业要获得持续性的发展，必须着眼于用户体验的提升。而要提升用户体验，最根本的还是提高质量。所以，互联网装修公司要充分认识到装修质量的重要性。另外，在行业改革过程中，互联网装修企业始终要重视装修质量，以便从容地应对行业整体环境的变化及新时代的到来。

如果互联网技术在装修行业的应用始终停留在浅层次上，则无法有效推动行业的升级。有些企业除了用“互联网装修”作为招揽用户的招牌外，并未在用户体验方面做出真正的改观。而要减少外界对互联网装修行业的质疑，就要在行业运营的所有环节实现与互联网技术的融合发展，并形成完整的运营体系。

所以，为了从根本上实现装修行业的升级，要充分发挥技术在传统行业中的渗透作用。当互联网装修行业的改革全面展开后，互联网技术就会从浅层次的应用深入到企业运营的所有环节，从根本上改革装修行业传统的发展模式，从而促进行业整体效率的提高。

举例来说，为了加强对各个环节的管理与监督，运营方可以对相关数据进行统计与分析。根据自身掌握的用户需求购进相应的建材，进一步完善装修配置，加快装修施工的整体进展，提高企业运营效率。

在互联网装修行业发展的早期，企业对新技术的应用深度十分有限，多数企业只是在营销环节对外宣称公司采用了新技术，用于凸显企业优势。伴随着该领域的进一步发展，装修行业与互联网将逐渐实现深度结合，从本质上推动互联网装修的发展。

互联网装修行业呈现出来的新面貌，反映出该行业正在迎来新的发展时期。经营者通过分析之前的发展道路，总结长期以来的发展经验，能够为今后的互联网装修运营提供借鉴。为了从根本上促进互联网装修改革与升级，企业经营者需要根据行业的整体变化，积极调整自身运营状态。

5.3.3 精细运营：借助技术手段提升装修质量

为了从各个方面促使已有用户向其他人推荐自己，互联网装修企业需要与各个环节中的参与主体达成协作关系，并将所有环节视为口碑营销的关键点，进而实现不同环节间营销工作的对接，为企业发展奠定流量基础。

装修企业要牢牢把控装修质量，并据此优化用户体验。现阶段，也有一批互联网装修公司在概念层面实现了创新，但其探索也只是停留在表面上，而没有进行本质上的改革。在这种情况下，装修公司与传统模式下的运营并没有太大区别，也没有真正提升用户体验。也就是说，这样的创新只是装修企业用来吸引用户注意力的幌子。而要解决这个问题，企业就要在质量方面做出改善，在具体实施过程中需关注以下几点。

首先，要提高用户在装修过程中的参与度，强化对装修质量的监管力度。在这之前，互联网装修也曾进行过质量管理方面的调整，但其探索仍停留在浅层次上。举例来说，有的企业推出针对用户的移动端 APP，方便他们随时查看施工现场的情况，企图通过这种方式加强对施工过程的监管。然而，在整个装修过程中，实际用户的参与有限，尽管 APP 的应用能够将施工现场的情况呈现出来，用户也无法分辨材料的好坏及工艺执行标准，难以做出实际性的干涉行为。为了解决这个问题，企业需要通过改革创新进一步提高用户的参与度，执行统一的施工标准，保证材料质量，优化用户体验，提高装修质量。

企业不妨让用户真正参与装修环节。传统模式下，用户在装修施工过程中只能作为旁观者进行监督；如今，用户可以按照自己的想法，对装修流程及具体操作方法进行安排，在施工过程中随时提出自己的要求与意见，在提高用户参与度的同时，也减少他们对装修质量的担忧。

其次，保持装修硬标准与软标准的一致性。装修行业在施工过程中的标准包括两种：硬标准与软标准。如果这两种标准存在较大的出入，装修质量就难以保证。正是因为装修行业制定了严格的标准，才能确保企业在装修施工过程中遵循这些标准，以免出现严重的质量问题。但真正被应用到装修实践过程中的标准很少，所以会出现许多质量问题。

企业只有将行业标准切实应用到装修过程中，才能为最终质量做担保。在实施行业标准的基础上，还可以采用行业规范，发挥用户的监督作用，提高最终的装修质量，减少用户承担的风险。如此一来，装修企业也能通过资源整合方式，从本质上加强对质量的管控。

发挥技术的连接作用使互联网装修的运营更加系统化。现阶段，互联网技术尚未对装修行业产生本质影响，因为分布在各个环节的装修工作之间并没有太多交集，企业经营者也缺乏将不同环节连接起来的有效方法。在这种情况下，企业就要发挥技术的连接作用，形成完整的装修运营体系。

例如，在测量环节，当数字化测量技术发展成熟后，装修公司就会引进先进的技术手段并将其应用到实际的操作过程中，借以提高房屋测量的准确度，同时提高资源利用效率，为之后的装修施工做好充分的准备。

同样，互联网装修企业也可以将先进的技术手段应用到装修施工过程中。智能机器人可以替代人工完成部分施工操作。技术的应用不仅能够减少工人肩负的施工压力，还能增强施工安全保障。除此之外，通过不断提高机器人的智能化水平，能够有效避免施工过程中因人为因素导致的失误，进一步提高装修质量。

相比于测量技术及人工智能技术在装修行业的应用，专门针对装修行业推出的新技术手段具有更加明显的改革作用，先进技术的应用能够将互联网装修的各个环节连接起来，形成完善的运营体系，通过强化企业对装修施工的质量管理来开启互联网装修的新时代。通过发挥技术的连接作用从本质层面上颠覆传统装修的运营模式，将使互联网装修更加符合用户的期待。

综上所述，互联网装修行业的改革正在全面展开，装修行业与互联网的结合也将向垂直方向延伸。为了从本质上推动装修行业的升级，需要实施口碑营销模式，发挥技术的连接作用，实现各个运营环节的衔接，通过让用户获得不同于传统模式下的全新体验，体现互联网装修的真正落地，凸显企业的差异化优势，从而在市场竞争中取胜。

第6章

品牌营销：

体验经济下的装修品牌新秩序

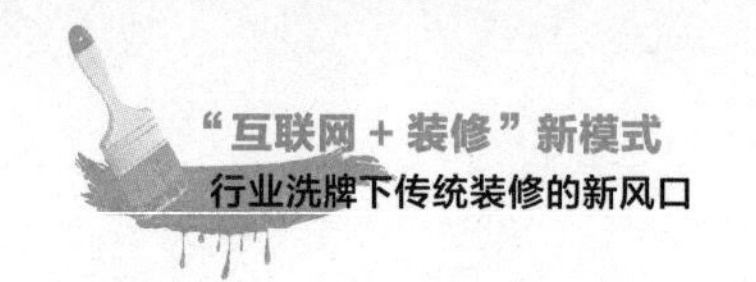

|6.1 品牌战略：装修企业如何构建品牌竞争优势|

6.1.1 竞争战略：装修企业的品牌经营策略

虽然房地产行业发展逐渐趋缓，但装修市场在"存量 + 增量"双重需求的推动下却依然呈现出十分强劲的发展态势，这为装饰设计公司的发展奠定了坚实的市场和用户基础。面对装修市场这一巨大蛋糕，越来越多的企业想要参与进来分一杯羹，从而导致装饰设计公司面临越来越严峻的竞争与挑战。

基于当前我国室内装饰市场的竞争格局、发展现状与趋势，装饰设计公司应加快实施品牌战略，构建"诚信为本、策划先行、模式制胜"的竞争性经营策略，以诚信和品质获得口碑，利用直销模式实现市场的快速拓展。

简单来看，就是一方面利用全方位的媒体渠道资源宣传公司创意，不断提高自身知名度；另一方面则借助独特的经营模式不断拓展市场、塑造形象，提高公司知名度、美誉度、可信度以及用户忠诚度，最终实现业绩与口碑的同步提升。

差异化是品牌营销的核心策略，只有不断寻找甚至创造差异，品牌才能为用户带来新的利益点或价值体验，开拓一个其他公司尚未涉足或涉足很少的新蓝海市场，进而通过多种手段努力成为该细分市场唯一的领导品牌，成为权威，从而建立市场竞争壁垒，获得消费者的高度认可与忠诚，最终实现销售与品牌的稳定成长。

在差异化竞争方面做得比较好的是在公装领域的细分市场做办公室装修的百办快装，2015 年推出 10 天拎包办公，延期一天赔 1 万，299 元 /m^2 的套餐装修迅速占领市场，目前已经登陆了资本市场，挂牌深圳股权交易中心。

从差异化策略的角度看，装修企业的品牌营销推广应着重做好市场定位、经营战略定位和整合营销传播等工作，如果前期的调研和商业模式设计得很好，加上营销策略得当，很容易迅速打开市场，从而成为当地细分市场的 NO.1。

◆ 市场定位

简单地讲，装修品牌的目标市场定位如图 6-1 所示。

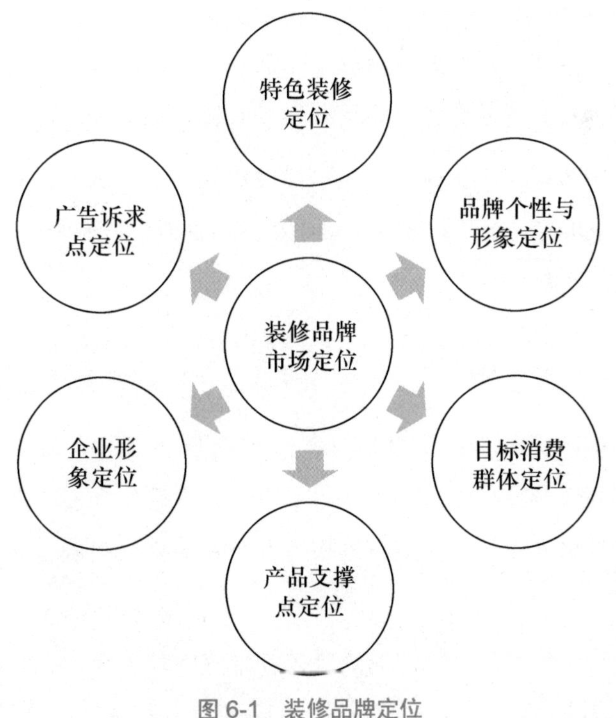

图 6-1　装修品牌定位

（1）特色装修定位：如专注高端装修或公装等垂直细分市场；

（2）品牌个性与形象定位：诚信、公正、品质、品位、环保等；

（3）目标消费群体定位：高收入群体、年轻白领、高级管理人员等；

（4）产品支撑点定位：即产品特色或主打方面，如品质、环保、品位、个性、智能等；

（5）企业形象定位：通过名人代言等方式塑造企业独特形象；

（6）广告诉求点定位：兼顾理性与感性诉求。

◆ 经营战略定位

装修品牌要做好经营战略定位，为公司的具体运营发展提供明确的方向和路径指引。

（1）坚持"诚信为本、策略先行、奇正结合、模式制胜"的经营原则。

（2）精准定位目标市场和用户，努力切入高端市场。因为高端装修市场的收益水平更高，有助于装修企业快速成长，迅速完成一次创业，进入二次创业阶段。

（3）体验行销，利用直销模式构建会员制管理体系。与顾客建立伙伴关系，让他们参与到装修服务的过程，充分满足顾客在装修装饰方面的参与诉求，为顾客带来更多价值体验；深度挖掘并发挥公司六大资产（公司实体、服务、用户、员工、供应商、组织）的价值，打造全员营销模式。

◆ 业务拓展

业务拓展方面，装修公司可采用"推拉结合、软硬兼施"的营销策略，如图 6-2 所示。

（1）"推"：装修企业要组建一支具有较强销售能力的营销团队，通过与消费者的直接沟通互动传播企业的装修理念、价值、产品与服务，培育积累一批忠诚用户，然后再利用这些粉丝用户的口碑传播影响更多消费者。

（2）"拉"：利用全方位的媒体资源、有效的公关和促销手段等将相关资讯快速传递给目标受众，有效激发他们获取装修相关产品或服务的欲望。

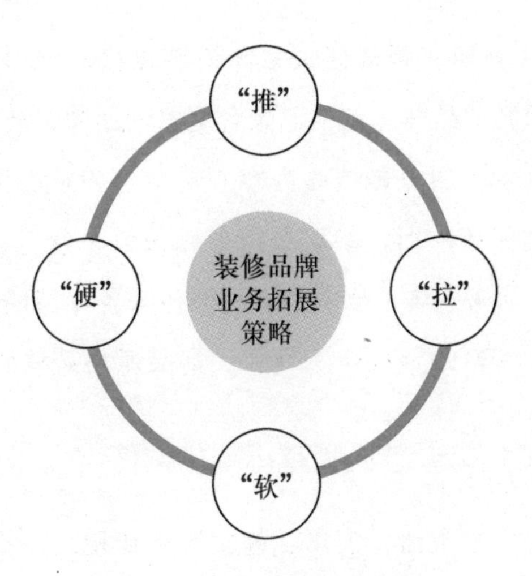

图 6-2　装修品牌业务拓展策略

（3）"软"：通过整合利用各类资源打动消费者，触发他们的消费行动，如人气指数监测、个性化与亲情化服务、标准化互动等。

（4）"硬"：利用品牌画册、CIS 手册、POP、会刊、装修指南等吸引消费者的目光，借助这些资源的视觉和理念冲击有效激发人们的装修消费冲动。

此外，装修企业还要高度重视房地产销售出口，通过对业务源头（房地产开发商、销售代理企业、策划企业、各类高档会所等）的有效合理布局获取更多的业务资讯，积极与各方达成合作共赢关系，以借助更多资源吸引更多消费者的关注，实现业务拓展。

◆ 整合营销传播

整合营销是通过对分散、单一活动与目标的整合协同，促使品牌营销各环节的行动、过程、目标等达成统一。具体来看，就是潜在顾客、现有顾客、员工、投资人、媒体、政府、社区、供应商、竞争者等所有关系利益人在与公司的接触点上与品牌进行一致性的交互沟通，从而使每个接触点都成为传播品牌信息的场域，且这些接触点上的互动性越高、越一致，品牌形象就越鲜明，也越能获得关系利益人更高的品牌忠诚度。

关系利益人在与品牌的一致互动中，充分满足了自身的相关体验诉求

或深层欲望，与品牌建立强信任关系和情感连接，更加认同、亲和品牌，从而大幅提高了顾客的品牌忠诚度，聚合更多的品牌资产。

对装饰公司来说，服务是核心内容，贯穿于公司运作的各个层面。在进行品牌塑造和营销推广时，装饰公司要以诚信、公正、透明、尽责为原则，不断优化设计服务、施工服务、售后服务等各环节的服务内容和体验，努力为顾客创造一个舒适、安全、环保、高品质与品位的家居生活空间。

6.1.2 体验营销：以卓越品质赢得用户信任

装修与人们的日常生活、工作、健康等密切相关，不论是个人家居装修还是企业经营装修，都是一项费钱、费时、费力的工作。正因如此，装修才会受到高度关注，用户也总是慎之又慎地挑选装修公司。

在以用户为中心的体验经济时代，口碑传播是最有效、最直接的营销策略，任何企业或品牌只有不断获取和积累良好的用户口碑，才可能实现快速、稳定与持续发展。

从装修市场来看，一些装修公司能够很容易获得用户认同，接到大量订单；另一些公司却越来越难以获得装修订单，逐渐陷入生存困境甚至被市场淘汰。出现这种迥异结果的关键是两者经营理念的差异导致了不同的口碑效果。

装修公司要从日益激烈的装修市场竞争中成功突围，需要在“诚信、公正、品质、品位、环保、智能、未来”七大核心理念的引导下，加强“内功”修为，以优质的产品和服务打动消费者，与消费者坦诚相待，并注重满足他们的参与体验诉求。

例如，装修企业在展示材料时，要明确地向顾客介绍每种材料的价格、性能、特点、环保等级等，从顾客角度出发编制装修、验房等相关知识手册，方便顾客更好地了解装修的每一个环节和每一项花费，塑造诚信、公正的品牌形象，以此赢得消费者的认同、好感与忠诚。

装修公司要在设计、施工、服务等环节突出自身的品质和品位定位，

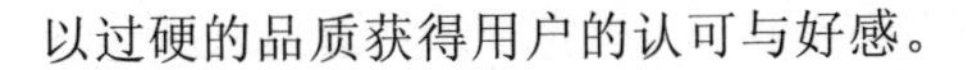
以过硬的品质获得用户的认可与好感。

◆ 设计是最有特点的

企业要基于用户要求与偏好制定个性化的设计方案，呈现与众不同的装修装饰效果：如雍容华贵、气度不凡的古典风格，时尚简洁、个性张扬的现代风格，古朴自然、文化气质的民族风格，异域情调的国外风格等。

总之，设计效果不能大众化，要具有个性，让消费者感到设计方案是与众不同的，如此才能真正吸引和打动他们。至于具体风格是含蓄质朴还是个性张扬，则要与用户深度沟通后按照他们的要求、偏好与消费能力等进行选择。

◆ 做工是最精细的

做工是用户十分关心的项目，直接体现了整个装修工程的质量优劣。当前国内装修市场中，南方施工团队之所以更受消费者的认可和青睐，很大程度因为他们在做工方面更加精细高质：不论是墙壁打孔、线路布局、基础制作，还是基板的裁剪结合、面料的黏结对缝及最后的刷染等，都注重精益求精，以最大限度地保障整体装修质量。如面料对接要讲究准确细小，油漆程序要合理，注意时间的准确性，以达到成品光滑明亮的效果等。

◆ 服务是最好的

这里的服务是指正式施工前，要让用户清楚了解整个装修的设计方案与预算，在选材、施工程序安排、工艺制作等方面保持与用户持续有效沟通，将用户合理的想法或创意融入设计方案中；同时，装修后若出现问题也要及时主动解决。

总体来看，装修公司要做好以下方面，努力为用户提供最好的服务。

第一，选择和使用材料方面要严格做到“绿色环保”，使用高品质的正规材料，杜绝有害健康的假冒劣质材料。

第二，不论是对个人用户还是企业用户，装修都是一件费时、费力、费钱的事情，因此用户大都不会轻易更换装修公司。这就要求装修公司具有敏锐的时代前瞻性，精准把握未来社会生活的发展态势，为顾客提供能有效适应未来生活需要的智能型、未来型装修解决方案。如此，企业必然会赢得消费者的好感与信任，不断积累良好的用户口碑，进而借助口碑传播实现品牌形象塑造以及知名度和美誉度的扩散。

第三，装修企业的名字要容易记忆、传播，具有亲和力，形象要与其他企业明显区分，让消费者能一眼认出并记住。公司特点最好在名字内体现出来，让人一看就感觉到了，如百办快装这家企业，一看就知道是做快速装修的企业。

第四，建立系统、科学的用户档案管理系统，以便及时了解用户真实想法和诉求，准确把握他们的心理动态，进而以此为基础制定合理有效的市场策略，建立市场竞争优势。

企业之间的竞争本质是品牌竞争，品牌战略是任何企业实现稳定、持续、良性发展的必然路径。因此，装修企业要树立明确的品牌意识，从用户角度出发，坚持诚信、公正、品质、品位、智能、环保等理念原则，不断优化创新技术和服务，增强"内功"修养，准确把握用户心理动态和市场需求变化，利用多种差异化营销策略提供更好的装修体验，从而获得消费者的认可、好感与忠诚，最终实现品牌形象塑造和知名度、美誉度的持续提高。

6.1.3 参与传播：消费者主权下的品牌塑造

体验经济时代，用户已不再满足于单纯的产品或服务消费，而是希望参与企业经营的过程，获得更高层次的价值体验，具体如图 6-3 所示。

◆ *为用户创造参与经营的机会*

互联网商业时代的消费者拥有更大自主性和主动权。将顾客囊括进公司营销网络系统，为顾客参与经营提供机会和空间，不仅能够充分满足顾客的参与体验诉求，提高他们的品牌忠诚度，也使企业获得了远超自身体量的更多资源，从而更好地实现业务拓展。

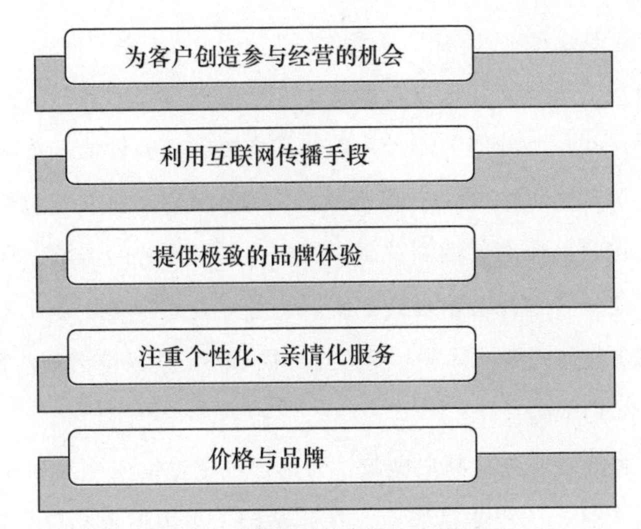

图6-3　消费者主权下的品牌塑造

营销网络系统将公司与所有的关系利益人（用户、员工、材料供应商、广告代理人等）连接起来形成合作共赢的业务关系，从而使企业间的竞争转变为不同合作网络生态系统间的比拼。当企业与关键利益关系者建立了良好的共赢合作关系，便可借助更多资源实现业务规模的持续扩张，获取更多收益。

◆ 利用互联网传播手段

在信息极度膨胀并快速更新的互联网商业时代，“酒香也怕巷子深”，若不能进入消费者视线，产品和服务再好也无用。因此，装修企业要利用各种传播手段将相关信息传递给目标受众。除了各种媒体渠道，顾客也是十分重要的传播渠道，特别是相对于企业自身的宣传推广，顾客的口碑传播对其他消费者来说具有更高的可信度与说服力。

◆ 提供极致的品牌体验

面对众多品牌、产品和服务，消费者常常难以选择，特别是在装修这类专业性较强的领域更是如此。如果某家企业能够为顾客提供全面体验产品或服务的机会，让顾客通过切身体验感受品牌理念与价值，便很容易获得顾客的亲近与认同，形成品牌黏性。

◆ 注重个性化、亲情化服务

当前很多消费者的购买行为都属于冲动型消费。因此，装修企业要调动顾客情绪，在产品或服务之外为顾客提供更多体验价值，搭建公司和家庭之外的“第三空间”，通过持续有效的沟通和提供个性化、亲情化服务等多种方式深度激发顾客的购买欲望。例如，基于顾客的需求、喜好和消费能力为他们定制个性化装修设计方案，让用户充分参与装修方案的设计过程，注重满足他们的精神诉求，在适当时机举办一些联谊活动，等等。

◆ 价格与品牌

实施品牌战略要先从品质做起，为用户提供过硬的产品和服务，这也是吸引消费者目光的根本落脚点；在此基础上再去追求品位、塑造品格。就装修企业而言，首先要做好样板工程，为顾客提供低价高质的产品和服务，塑造良好的品牌形象，然后通过不断复制扩张以及用户的口碑传播获得更多消费者的关注和认可，实现公司的成长与发展。

6.1.4 绿色环保：室内装修污染问题与对策

装修行业不仅涉及人们的物质生活与消费，也包含诸多文化生活消费内容。因此，我国文化行政主管部门将装饰领域归为文化产业，出台多种政策鼓励装饰文化的快速发展和装饰市场中文化资源的优化配置与利用。

同时，在各级行政主管部门的支持下，各地建筑装饰协会也不断在行业管理和行业自律方面进行制度创新，并最终形成了覆盖10个方面的三大体系：

（1）规范企业行为体系，包括企业行为规范、工程质量保证金、室内设计作业、企业履约保函和行业工资协商5个方面；

（2）个人从业资格认定体系，包括设计师的从业资格评定和职业技能培训岗位鉴定两项内容；

（3）行业信用秩序体系，包括投诉仲裁、违反行规行约和行业准入清出3个方面。

◆ 问题：装修污染问题饱受诟病

装修行业由于产业链过长、涉及环节过多，导致发展运营中出现了众多痛点和问题，成为消费者投诉较多、饱受诟病的行业，集中体现在装修从业者素质低下和装修污染2个方面。

（1）从业者问题

由于缺乏严格规范的行业标准与监管，很多装修从业者为了追求更多利润，在材料上以次充好，在装修施工中随意增项，让用户付出一些超出预算的不必要花费，从而极大地影响了用户的装修体验，成为消费者投诉的热点行业。

装饰材料方面的投诉主要集中在有毒有害物质的涂料、木制家具、壁纸、地毯等方面，其中较为突出的是从业人员利用用户的不懂行，在实木地板、塑钢型材等装饰材料上以次充好。装修施工方面的投诉热点主要集中在5个方面：电气布线混乱、打掉卫生间防水层、改装暖气设备、改变阳台用途和私改或封装燃气设施。

（2）装修污染问题

装修污染直接关系人们的身体健康，是消费者高度重视的一项内容。大致来看，主要包括以下5个装修污染问题。

★ 小儿白血病与装修污染

相关调研统计显示，人们一天中大约90%的时间待在室内，其中65%的时间又是在家里度过的。因此，如果装修质量不合格导致室内污染严重，那么人们得病的概率就会大幅增加，尤其是对儿童、孕妇、老人、慢性病患者等体质较弱的人群更是如此。

某小儿外科医生对自己半年内问诊过的白血病孩童进行统计，发现约九成孩子家中近期有过室内装修行为，且很多还是进行豪华装修。另一家儿童医院血液研究所对10年中诊治过的1800多名白血病儿童的研究也发现，半年内家中进行过装修的比例高达46.7%。

不只是儿童，有研究对近10年1200名老年白血病患者的调查统计发现，

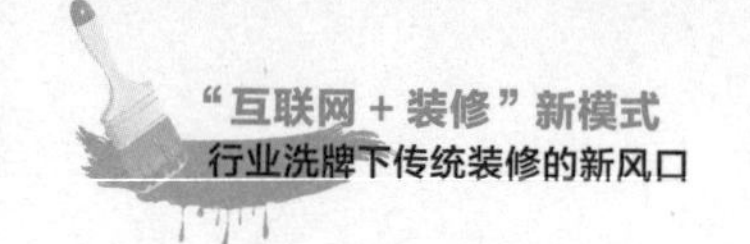

54.6% 的老人患者家中半年内进行过装修。

★ 氡气与致癌

氡是一种能够引发肺癌、白血病、不孕不育、胎儿畸形、基因畸形遗传等诸多严重疾病的放射性气体，主要存在于不合格的水泥、墙砖、石材等装修材料中。

★ 民事纠纷

一方面是消费者不断提高的环保意识使他们越来越看重室内装修在环保上是否达标，另一方面则是众多装修公司因为低价竞争无法达到国家规定或用户要求的环保标准，从而导致与室内装修污染有关的民事纠纷近些年持续增多。

★ 污染程度和污染源

近些年，室内装修污染已成为继大气污染、水污染、垃圾污染、噪声和光污染之后的第五大污染，引起越来越多的关注。根据我国室内环境监测机构对大量装修后房屋的空气质量监测，当前国内的室内装修中 80% 都会造成空气污染，其中又有八成达到了中度和重度污染，室内空气中的污染物超过国家标准 2 ～ 3 倍。

甲醛是最主要的室内污染源，主要来自胶合板、细木工板、中密度纤维板、刨花板等人造板材中使用的胶黏剂，这些材料中的残留和未参与反应的甲醛会慢慢释放出来造成室内环境污染。此外，贴墙布或贴墙纸、化纤地毯、泡沫塑料、油漆、涂料等装修材料也可能会造成甲醛污染。

★ 假冒环保材料

甄别装修材料需要高度专业性的知识，但绝大部分用户对这方面都不甚了解，从而导致一些不良商家以次充好，将环保不达标的材料当作环保材料推荐给用户，这一问题已引起媒体和社会各方的广泛关注。

◆ 对策：修炼"内功"，狠抓质量与服务

当前我国装修市场与行业发展现状可概括为以下几点：行业发展迅猛，市场规模持续扩大；装修从业人数显著增多；装修企业从规模化发展转向质量型发展，注重“内功”修养，打造高知名度和美誉度的品牌；市场格局发生根本变化，开始进入行业管理时代，那些只做“一次性买卖”的不良商家的数量以及市场份额不断减少；各方不断探索规范、有序、良性的发展模式，装修文化开始进入主流文化视线。

国内装修行业的主要问题：消费者对装修质量与服务不满意；装修长期不规范发展造成整个行业的负面口碑，消费者对家居装饰高度不信任；人们对装饰装修行业自律有迫切要求；用户希望装修过程中的每一项消费都清楚明了，而不是花大量“冤枉钱”；消费者对装修污染问题越发重视，倾向环保装修；在高中低各层次装修市场中，消费者越来越青睐精装修模式。

从当前国内装修行业发展趋势与问题来看，装饰设计公司要想在竞争日益激烈的装修市场中赢得消费者的认同与青睐、实现可持续发展，就必须不断增强“内功”修养，以诚信、品质、环保、品位的装修产品与服务打动消费者，获得他们的高度认同与忠诚，塑造并不断拓展良好的品牌形象，提高自身知名度和美誉度。

6.2 品牌运营：互联网时代的装修品牌传播法则

6.2.1 产品运营：给消费者提供装修主材包

近两年来，互联网装修营销在不断变革、发展。现如今，注重线上销售的互联网装修进入了一个全新的发展阶段，这个阶段被称为“后电商时代”。在这个时代，装修企业线上、线下融合，实现了一体化。具体来看，这个时代有三大基本特征。

第一，装修企业的线上营销平台已摆脱单一的销售盈利功能，开始为线下经销商提供互联网化服务。在这种情况下，装修企业就不必再为线上、

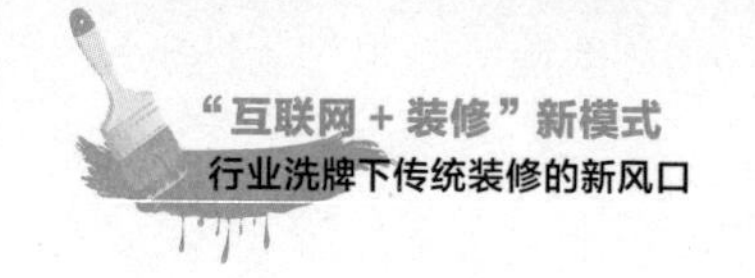

线下的“双轨制”而纠结。

第二，线上、线下的对立被打破，线下经销商开始参与装修企业的互联网化发展。

第三，电商平台不再采用传统的打造O2O闭环的策略，开始与装修企业合作，以流量换取销量，推动企业开展线上线下一体化运营。

从这方面来看，互联网装修线上、线下相互对立的难题有了化解渠道。但与此同时，互联网装修主材包的运营模式又成了一个新难题。这个难题出现的原因在于：互联网装修主材包的运营模式是一个“双轨制”的运营模式，且在这个“双轨制”模式中，双轨之间的距离非常远，远远超过了电商“双轨制”的距离。再加上，互联网装修主材包对价格的要求比较高，其价格要远远低于电商的价格。价格差距越大，“双轨制”问题就越难得到解决。

但是相较于电商，互联网装修主材包这种运营模式对装修企业的影响更加深远。因为在装修消费领域，整体装修是未来的发展趋势。在这种趋势下，装修企业能否率先拥抱互联网整体装修主材包这一运营模式是一个关乎生死存亡的重大抉择。

要解释这一问题，首先要了解互联网装修主材包的起源与发展。

在互联网装修市场上，雷军投资的爱空间率先推出了整体装修主材包，爱空间的整体装修主材包沿袭了雷军的性价比思维：最优秀的品牌、最低的价格、最极致的性价比。爱空间主材包一经推出就被各家互联网装修公司争相模仿，所以目前市面上绝大多数的主材包走的都是性价比模式，只有极少数的主材包与之不同。

一直以来，用户的体验需求尤其是品牌选择体验需求都无法在线下金碧辉煌的商场中得到满足，这个关键机制不只是装修商场缺失，整个装修行业也严重缺失。互联网整体装修主材包的出现为这一问题提供了有效的解决思路，帮装修消费者解决了品牌与产品的选择难题。实际上，互联网整体装修主材包的核心就是帮消费者选择性价比最高的品牌与产品组合。

从装修企业的角度看，互联网整体装修性价比主材包的关键词是“最优秀的品牌”。对装修企业来说，了解主材包的形成原理非常重要，其原因在于，根据互联网装修主材包的组成原则，整个装修市场能容纳的品牌数量极其有限。因为一旦将品牌与产品的选择权交到专家手上，市场上的商场、品牌和经销商数量就会锐减。

从这个方面来说，对家居建材市场而言，互联网装修主材包的出现开启了一场洗牌运动，促使各大品牌以极快的速度聚集在一起。因此，装修企业能否率先推出互联网整体装修主材包是一件生死攸关的大事，为了能在这方面占尽先机，装修企业应把建设互联网装修主材包视为一项战略任务。公装大品牌进入家装市场，进一步压缩了中小型装修公司的市场，随着定制精装房的来临，中小装修公司如果不迅速转型升级，将面临行业的洗牌。中小公司有两条路可以走：第一，重新调整战略做细分领域市场；第二，迅速布局装修后市场，如二手房的装修翻新服务，可以只做二手房里面的卫生间或厨房的整装等服务，以一个点作为突波口，抢占一个市场。

另外，在互联网整体装修模式下，定制装修企业还失去了设计主导权。

总而言之，自互联网整体装修模式出现以来，装修企业的运营模式与运营战略深受影响，装修企业必须予以重视，提前做好布局。

6.2.2 战略布局：构建大装修战略与品牌联盟

◆ 布局大装修战略

简单来说，大装修战略指的就是某家居建材企业在某品类经营方面取得成功之后开始朝其他品类延伸发展。在互联网时代，大装修战略与互联网整体装修有非常密切的关系，那么这个关系是什么？互联网时代的大装修战略又该如何布局、推行呢？

大装修战略与一站式装修服务、整体装修、泛装修、品牌联盟、全屋

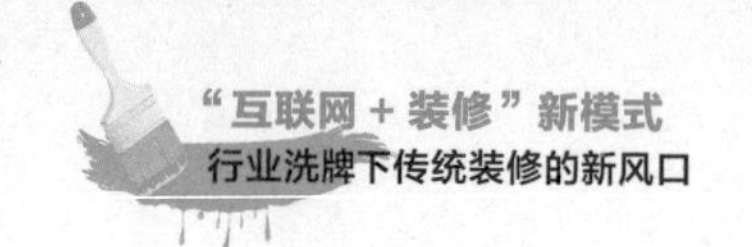

定制等这些概念都源于同一个逻辑——装修消费的基本逻辑。消费者在装修领域的消费需求只有一个，就是装修。所以，以装修消费需求为核心衍生出来的运营模式才是最合理的运营模式。

在某品类取得成功之后开始朝其他品类延伸发展的大装修战略在某个方面遵循了装修消费需求。例如，橱柜企业在橱柜领域取得成功之后开始生产衣柜；地板企业在地板领域取得成功之后开始朝木门、橱柜等领域发展。这种大装修战略的制定源于企业对装修消费需求的深刻认识，希望能以多品类的产品满足同一个消费者多样化的装修品类消费需求。

但是在现实生活中，大装修战略成功的案例少之又少，导致这种情况出现的原因有两个。

第一，品牌定位问题。一般情况下，推行大装修战略的企业往往已在某个品类领域取得成功，在这种情况下，企业品牌已有成熟的品类定位。再加之，企业已积累了丰富的品类生产经营经验与资源，导致企业难以在新的品类生产与经营方面取得良好表现。

第二，企业大战略运营机制问题。大装修战略要求在企业成功经营品类的带动下，多个品类一起发力，满足同一个消费者多样化的品类需求。但事实上，企业各品类都有自己独有的生产与运营体系，相互之间的联系不甚紧密，难以做到一起发力，难以同时满足同一个消费者多样化的装修消费需求。

大装修战略虽然是围绕消费者消费需求逻辑建立起来的，但在实施的过程中，装修消费需求逻辑很难统一，其结果只有一个：企业拥有多个品类的产品而已。用一个形象的比喻对其解释，即在大装修战略的引导下，企业制造了 5 根手指，最后却发现缺乏一个有效的机制将这 5 根手指握成一个拳头。而大装修战略要想取得效果，这 5 根手指必须握成一个拳头。

但好在随着互联网整体装修的出现，大装修战略有了一个很好的概念与机制推行下去。在互联网装修流行开来以后，大自然、东鹏等率先推行大装修战略的企业开始在互联网装修领域重新布局。

具体来看，大装修战略与互联网装修是相互促进、相互影响的关系。一方面，借助大装修战略推行多年积累起来的品类运营能力，装修企业可以推出互联网整体装修主材包；另一方面，借助互联网装修模式，装修企业的大装修战略能取得突破性进展。其中，装修企业借助互联网装修模式对自己的大装修战略进行丰富、完善，构建一种独特的互联网泛装修运营模式更令人期待。

从这方面来讲，在装修企业的大装修战略中，互联网装修已成为一种不可或缺的战略性工具，推动装修企业的经营模式逐渐与互联网融合，形成了一种新的战斗力。

◆ 建立品牌联盟

装修消费需求一体化是品牌联盟遵循的重要逻辑，与大装修战略的不同之处在于，品牌联盟是多个经营不同品类的企业组合在一起，不是一家企业经营多个品类。简单来说，互联网装修主材包就是一种最简单的品牌联盟。

那么，在互联网时代，装修企业要如何开展品牌联盟活动呢？装修企业要如何利用品牌联盟活动推进互联网装修模式开展呢？对这两个问题仔细分析就会发现其中存在内在联系，如果第一个问题能得到有效解决，第二个问题也就有了解决思路。

在传统的装修营销活动中，因强大的促销效果，品牌联盟成为一种最主要的促销形式。品牌联盟的核心就是互换用户。假设有10家经营不同品类的企业构成了品牌联盟，每家企业能为品牌联盟带来100名用户，品牌联盟就拥有了1000名用户，也就是说，品牌联盟中的每家企业都拥有了1000名用户，这就是互换用户。因为互换用户，企业营销成本显著降低，产品销量与销售额都显著提升。

品牌联盟在应用方面具有一定的局限性，最大的局限就是品牌联盟不能在装修商场内应用。因为装修商场内的商家数量太多，彼此之间是相互竞争的关系。另外，装修商场发起品牌联盟，无论邀请哪个商家参加，都会引发未参与商家的不满。所以，品牌联盟活动应由商家自动发起，或者交由第三方运营，且活动开展场所不能在商场内。

虽然品牌联盟这种活动形式非常好，但因为品牌各地经销商的能力有高有低，各地经销商间的关系圈也有很大差异，所以全国性的品牌联盟活动很难发起。但是随着装修企业与互联网的融合，尤其是互联网装修模式的普及应用，品牌联盟活动也将借助互联网发生变革，整个装修市场的运营效率将大幅提升，整个互联网装修模式将进一步发展。

6.2.3 内容运营：互联网装修平台的引流营销

早期装修行用户要集中于线下渠道，如今 O2O 模式在诸多领域得到应用，一些互联网企业开始涉足装修领域，市场上涌现出一批与互联网结合发展的新型装修企业，然而互联网装修行业的发展涉及许多复杂因素，其行业模式的发展仍然处在探索阶段。

对互联网装修企业而言，内容与服务的价值是不可替代的。如果企业只注重内容而忽视服务，则难以获得用户的青睐，只有将内容与服务融为一体，才能得到用户的认可。从平台运营的角度分析，内容输出是第一步，用户可借助多元化渠道获取自己所需的内容，经过一段时间的积累，则会在认可平台内容的基础上消费其服务项目，因此互联网装修企业需要注重内容生产与传播。

企业在内容运营过程中，需要经过相关资料的搜集、编辑修改、排版设计、内容上传、营销推广等各个环节，为用户提供符合其需求的内容，获得用户的认可，并对用户反馈意见进行分析，对后续内容运营进行调整。

因为装修涉及多个方面的因素，外行人要想熟练掌握装修相关的知识，恐怕要花费大量的时间与精力。因此，大部分用户对装修的了解都十分有限，在装修之前，用户的脑中只有一个大致的轮廓，一旦涉及细节，大部分用户就会缺乏清晰的认识。多数用户会通过装修效果图进行更深入的了解。从用户角度分析，用户需要对装修的相关知识有所把握，减少自己承担的风险。

◆ 装修效果图

对用户而言，装修效果图十分关键。提到装修，很多用户首要关注的是装修之后的最终效果。大多选择整体的装修风格，对这方面比较陌生的用户会查询并浏览装修效果图，根据自己的偏好进行筛选。在这个环节，用户可以通过专业装修平台获取各种风格的装修效果图。

（1）效果图分类

装修效果图有多种分类方式，以用户搜索的关键词为切入点，可以分为不同风格、不同户型、不同空间、不同局部、不同颜色的效果。

★ 以风格来划分：可分为古典中式、北欧风格、美式田园风格、日式风格、现代风格、地中海风格等，也可以根据用户喜好自由组合。

★ 以户型来划分：可分为一居室、两居室、三居室、四居室，复式、别墅等户型。

★ 以空间来划分：可分为玄关、客厅、厨房、卧室、卫生间、阳台、书房、育婴房等。

★ 以面积来划分：低于50平方米、50 ~ 60平方米、60 ~ 90平方米、90 ~ 120平方米、120 ~ 199平方米，以及大于等于200平方米。

★ 以局部来划分：可分为吊顶、沙发、电视墙、壁纸、衣柜、橱柜、吧台、楼梯等。

（2）3D效果图

用户十分看重装修，如果装修环节存在缺陷，会导致用户今后无法享受高质量的生活。因此，很多用户在施工之前，会通过3D效果图进行初步体验。之前，大部分3D效果图是由专业设计人员制作出来的，高质量的3D效果图价格也比较高，在300 ~ 500元，用户要拿到整套效果图，需支付2000元左右的佣金。近年来，网络科技水平不断提高，一些互联网企业推出方便用户操作的 3D 云设计软件，可以将软件中已经设计好的部件在空间中自由移动，并即时浏览最终的效果，带给用户独特的体验。

◆ 装修知识

装修包括不同的阶段，但很多用户对装修的了解十分有限，不知道在各阶段应该关注哪些问题，也不知道如何检验装修效果。为了减少自己在装修环节承担的风险，用户需要掌握相关知识，做好各个阶段的监督工作，避免因对装修一窍不通而上当受骗。

以不同时期来划分，装修分为 3 个阶段：装修前、装修中以及装修后。不同阶段包括多个装修施工工程，其中涉及的知识面比较广，用户可以在专业装修平台的帮助下，学习相关的装修知识，在此基础上实施监督，提高装修工程的整体质量。

（1）装修阶段

装修前需完成以下工作：收房验收、装修预算、测量设计、合同签约；装修中（即施工过程）需完成如下工作：主体拆改、水电改造、防水、泥瓦、木工工程、油漆墙面、安装竣工；装修后需要在室内放置家具，处理入住前的相关事宜。

（2）装修内容呈现方式

互联网装修企业要采用清晰、简明的方式向用户展现装修内容，在具体内容运营过程中，既可以通过图表方式，将各个时期的内容板块以时间顺序依次排列，并将各个时期的具体内容归纳出来，同样遵循时间流程。除此之外，平台采用专题策划形式也能为用户提供良好的指导。

（3）专题策划形式

根据用户的关注点制定页面专题，并在此基础上选定主题、各个小标题，进行具体内容规划，设置整体风格。举例来说，可以将“装修监理必须懂得的知识”作为主题，为用户解读装修过程中应该关注哪些问题。在选定主题之后，要获取相关资料，进行编辑排版、校对审核、内容调整、信息发布。

◆ 装修公司

很多用户对装修行业感到陌生，对装修公司也不熟悉，装修网站则成为用户了解装修公司的有效平台，网站将合作公司的信息发布到平台上，为用户提供公司简介、设计师介绍、呈现公司的装修效果等；从网站发展的角度来说，信息推广是网站的重要利润来源，通常情况下，与专业装修网站合作的公司都拥有足够的实力，可信度比较高。

所有用户都希望找到专业水平高、设计能力强、施工质量有保证、收费合理的装修公司，但有的装修网站并未对其合作公司严格把关，在这种情况下，很多人会相信熟人的推荐。从这个角度来说，装修公司需注重打造自身的口碑。

对装修公司而言，内容运营是一个长期的过程，为了吸引更多用户的关注，企业在推广过程中，应该突出表现设计师的专业资质、过往案例，并向用户介绍企业当下正在实施的工程。随着移动互联网的高速发展，直播可能被应用到装修领域，向用户展示施工现场的具体情况。

◆ 装修日记

如果企业的内容运营能够达到理想状态，在整个装修过程中，能够促使用户通过日记形式记录施工进展，把自己在装修中注意到的问题及经验总结出来，供其他人参考。但现实生活中，大部分装修网站在初始发展阶段，要将装修日记的编撰工作交给专业的编辑人员。

装修日记需要突出其真实性，无论是语言表达、图片采用，还是情感流露，都要符合客观实际，网站编辑在遵循真实性原则的基础上要撰写大量的装修日记，也有一定的难度。当企业发展到一定阶段时，可以采取适当的激励措施，将装修日记的编撰工作交给用户来完成。

◆ 装修服务

对专业装修网站来说，内容运营只是其总体服务的组成部分，最关键的仍然是装修服务。从用户的角度考虑，他们的注意力主要集中在平

台是否能够推荐可信度高的装修公司、公司设计师是否具备足够的能力与经验、施工过程中会不会出现质量问题，如何处理等。把握好这些要素的企业，能为用户提供满意的服务，从众多竞争者中脱颖而出。

很多企业声称，在不收取任何费用的情况下，能够向用户提供3份空间设计方案与报价，为了突出自己的优势，有的企业可以提供更多方案报价；企业还聘用优秀的设计师，为用户提供免费的上门量房服务。

有些专业装修网站经常在服务形式方面进行创新，但在具体实施过程中，企业需要考虑用户的实际需求，通过相关数据的统计与分析，对新服务的价格设定及市场接受程度进行检验，计算企业从服务提供中获得的收益，最终决定是否正式推出市场。

如今，互联网装修行业呈现蓬勃发展姿态，拥有巨大的开发空间，中小企业应该抓住机遇进行市场拓展。在发展的初始阶段，很多企业以自我为中心，并未考虑用户需求，内容运营与相关服务的提供也存在不足，用户体验有待升级。目前，该领域仍需加强行业标准的建设、开放性标准的制定，并注重优质服务的提供，身处其中的专业装修网站要通过精细化的内容运营及不断升级的装修服务打动用户。

6.3 营销策略：装修企业如何玩转互联网营销

6.3.1 营销技巧：互联网装修营销的实战攻略

随着经济高速发展及人民生活水平的提高，人们对家居住房的要求也有了极大提高，从单一的居住功能上升到了体现生活品位、展现个性、凸显个人学识与审美观念层面。现如今，在消费市场上，装修消费是一大热点，装修建材企业也借此之机推出了各种各样的营销活动。

自进入互联网时代以来，响应社会发展趋势，装修与互联网相结合，网络营销受到了装修公司与建材企业的青睐。那么，装修公司要如何做好网络营销呢？互联网装修营销的专业方法如图 6-4 所示。

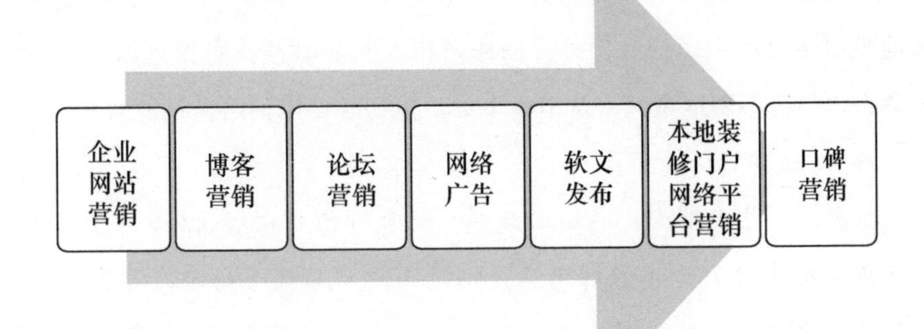

图 6-4 互联网装修营销的专业方法

◆ 企业网站营销

自进入互联网时代以来，各行各业都在努力拥抱互联网，各企业也纷纷建立了自己的网站，装修企业也不例外。从这方面看，对装修企业来说，建立网站是其开展网络营销的第一步。因为如果某装修企业的网站排名靠前，就会有更多潜在用户发现、找到该企业，进而增进对企业的了解。但由于装修行业的竞争异常激烈，装修企业要想提升自己的网络排名，必须做好网站优化。装修公司的网站优化可以交由专业的 SEO 公司服务，也可以聘请专业的网站优化人员负责。

◆ 博客营销

博客营销是一种常用的网络营销方式，比其他营销方法费时、费力，但如果该营销方法能得到有效利用，就能产生意想不到的效果，如为装修公司带来大量潜在用户等。

目前，在装修市场上，装修公司与建材品牌的数量非常多，再加上大部分用户都是首次接触装修，为了保障装修质量与效果，很多用户都会事先通过互联网对装修行情、建材信息进行深入了解。此时，如果某装修公司能利用微博为用户提供专业、系统的装修知识，就能吸引用户注意，给用户留下好印象，进而提高成交概率。

为了保证网络营销的效果，装修公司的营销人员必须对其给予高度重视，听取装修工程师的意见与建议，认真做好文字编辑、开展营销，尽可能地吸引更多潜在用户。另外，网络营销人员还必须具有持之以恒的精神与意志，坚持不懈地将网络营销做下去，以切实保障网络营销的效果。

◆ 论坛营销

目前，一些大型门户网站如新浪、网易等都有家居建材、房产论坛，且活跃度非常高。为了做好网络营销，中小型装修公司可以安排专员在这些论坛常驻，不定期地发起一些小型活动、小型赞助等，积极为首次接触装修的用户提供解决方案。如果某装修公司事先为用户提供了很多免费且优质的解决方案，在选择装修公司的时候，用户往往会优先考虑这家公司。

但是论坛营销需要长期投资，且效果不能即刻显现出来。如果装修公司人力充足、资金充沛就可以考虑使用这种营销方式；反之，如果装修公司人力不足，资金有限，则不建议使用这种营销方式。

◆ 网络广告

在现阶段，网络广告营销备受有实力的装修公司青睐，这是一种最有效的网络营销方式。宣传面广、可见度高、时效性强是网络广告的三大特点，正因如此，装修公司可以长期使用这种营销方式开展网络营销。当然，如果某装修公司要在节假日期间开展限时促销活动，网络广告也是一种非常有效的网络营销方式。

但是，相较于其他网络营销方法，网络广告所需费用较高，所以装修公司在使用这种网络营销方式时要权衡利弊。如果装修公司只面向某个区

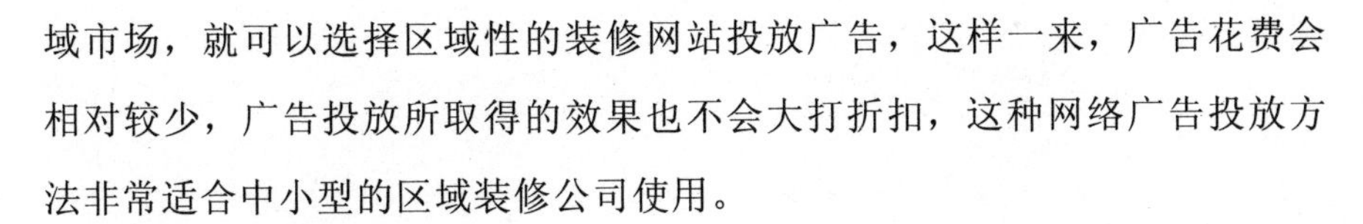

域市场，就可以选择区域性的装修网站投放广告，这样一来，广告花费会相对较少，广告投放所取得的效果也不会大打折扣，这种网络广告投放方法非常适合中小型的区域装修公司使用。

◆ 软文发布

在众多网络营销方式中，软文发布是一种实用性最强的方式。现阶段，很少有装修公司能在软文营销方面做得风生水起，因为高质量的软文是软文营销的重要前提。为了生产高质量的软文，装修公司可以聘请一些编辑专门负责软文写作。因此，使用这种网络营销方式的公司往往是有一定实力与知名度的全国性的装修公司，区域性的中小型装修公司应考虑使用。

◆ 本地装修门户网络平台营销

一般来说，在某个市场立足的装修公司，其面向的用户多为本地用户。所以借助本地装修门户网站，装修公司可以与用户沟通、交流，装修公司提供的专业的、丰富的装修知识对用户有强大的吸引力，经过一段时间的发展，用户将习惯在装修门户频道学习装修知识、寻找装修公司、发布装修招标信息等。在这种情况下，装修门户网站的用户将成为装修公司的潜在用户。只不过装修公司在本地装修门户接收的订单要接受门户网站的监督，包括装修质量、装修价格、售后服务等都必须让用户与监督方满意。

◆ 口碑营销

装修公司服务的主体是社会大众，得到社会大众的认可，形成优质的口碑能为公司带来最大的实惠。传统的口碑传播方式是口口相传，传播范围相对较小。随着互联网高速发展，企业口碑可以借助互联网传播，传播范围与传播速度都将有效扩展。

总而言之，装修公司要想开展网络营销，首先要增强对网络营销知识的了解，其次要合理利用各种网络营销工具，最后要结合公司的实际情况选择最合适的网络营销方法，以切实保证网络营销效果。

6.3.2 口碑营销：引爆各个环节的营销关键点

如今，口碑、技术与质量因素成为互联网装修行业发展的驱动力。要在原有基础上实现跨越式发展，互联网装修企业就要充分发挥这三大因素的推动作用。在具体实施过程中，企业可以采用口碑营销方式，并以此为切入点，通过新技术的应用，切实保证装修质量，从而顺应新时期的发展需求，加快自身发展进程。

要打好流量基础，就要重视口碑营销。在互联网装修行业发展的早期，企业的运营以流量为导向，很多企业砸重金抢夺流量，可以说，只有那些拥有足够资金实力的企业，才能在激烈的市场竞争中占据优势地位。所以互联网装修行业的不少企业对投资与补贴的依赖较大，为了增加自身的用户数量，企业纷纷推出各类节庆活动，采用多元化营销手段扩展流量规模，进而挖掘其商业价值。

当互联网装修行业迎来新的发展时期，口碑营销的价值逐渐凸显出来。身处这种大环境下的企业要挖掘已有用户的商业价值，就要将口碑营销落到实处。在实施口碑营销模式的过程中，企业应该注重的问题有以下两个方面。

一方面，要发挥口碑营销的价值，就要抓住各个环节的口碑元素。装修行业的整个运营过程包含多个环节，要增强口碑营销的实施效果，就要找到各个环节的关键元素。在设计环节中，设计师是口碑营销的元素；在施工过程中，工人是口碑营销的元素；在原材料引进环节，材料经销商是口碑营销的元素。为了凸显口碑营销的价值，互联网装修企业必须注重各个环节的元素打造。

举例来说，在设计环节，互联网装修企业可以围绕设计师，组建与运营社群，对优秀的设计师进行包装，提高其在业内的影响力，通过社群运营实现目标用户的积累，在运营过程中推出成功的设计成果，促使用户将社群推荐给其他人，进一步扩大平台的用户规模，为平台发展及设计师的工作提供足够的流量支持。

这种方式也可以应用到施工环节中，以施工工长为核心，建立相应的社群并汇集对装修存在需求的用户群体，提高工长的影响力，通过呈现高质量的施工工程，建立口碑效应，进而实施口碑营销模式，进一步增加社群平台的用户数量，实现流量积累。处于行业全面改革时期的互联网装修企业也能通过这种方式获得用户的认可，提高自身发展的持续性。

另一方面，企业要注重各个环节的营销，将所有环节的推广整合起来，共同组成整体的营销工作。企业应该重视在所有环节的营销，通过展示优秀的成果发挥其宣传作用，体现装修企业在质量方面的可靠性。为了做到这一点，企业需要透过表层的现象，准确定位各个环节的营销关键点，进而实现已有用户的转化，并吸引更多用户的目光，最终达到流量扩展的目的。

可以说，企业要精确定位口碑营销的关键元素，就必须将整个装修过程划分成多个环节，再从各个环节下手，寻找核心线索。如此，互联网装修企业才能吸引更多用户，并以此为基础找到适合自己的发展道路。

6.3.3 营销实战：互联网装修营销的4个方面

随着主流消费群体的变化，相应的营销方法也要发生很大的变化。现阶段下，装修行业的主流消费群体是80后、90后，要想创造适用于这类消费群体的营销方式，首先要明白这类消费群体的四大特征。

第一，这类消费群体的选择面较为宽广，能接收大量信息，能通过互联网找寻资讯获得支持。

第二，过去，消费者在做出消费决策之前愿意听取长辈的意见，现在，消费者更愿意听取朋友、平辈、朋友圈的意见。

第三，这类消费者群体对互联网的接受程度较高。

第四，这类消费群体的消费类型多种多样，消费品质越来越高。

第一代互联网消费群体的网上购物行为多受价格因素的影响，而新一代消费群体网络购物行为的关注重点从价格转向了品牌与服务。这种变化反映了整个用户群体的变化，以此为基础，装修公司的网络营销活动应注意以下 4 个方面，如图 6-5 所示。

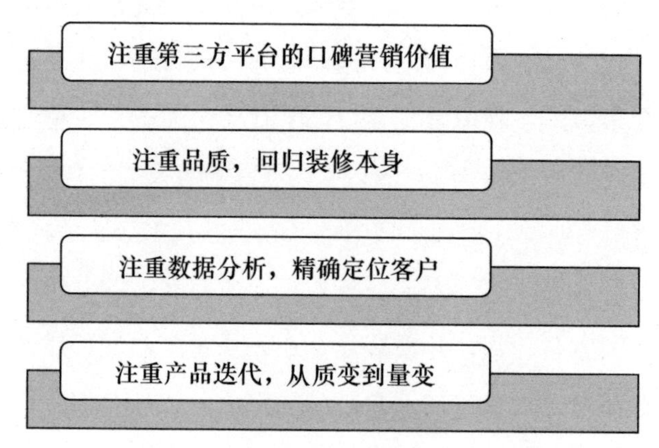

图 6-5　互联网装修营销活动的 4 个方面

◆ 注重第三方平台的口碑营销价值

自小米口碑模式提出以来，口碑营销受到了越来越多传统行业的青睐。在口碑营销方面，很多装修公司都非常重视微博、微信的应用，对第三方平台的价值有所忽视，从而出现了一种现象：每家互联网装修公司都在自我夸耀。但要形成口碑效应，互联网装修公司在自我夸耀的同时还需要借助第三方平台或者更多消费者进行口碑传播，而互联网装修公司恰恰忽视了这一点。

现如今，很多第三方装修 O2O 平台都推出了第三方监理服务，帮助用户监控装修质量与装修进程，打消了用户顾虑。

◆ 注重品质，回归装修本身

从装修本身来看，装修只包括两个问题：一是用什么装修才能让其物美价廉？二是如何才能让装修达到又快又好的目的？第一个问题比较容易解决，只需为用户提供高性价比的装修方案与施工材料即可；第二个问题涉及施工管理问题，是装修最大的痛点，难以解决。

现如今，对于第二个问题，很多装修公司都没有妥善的解决方案。一些小型的装修公司没有能力组建自己的装修团队，只能使用合同工，无法妥善处理纠纷问题；一些大中型的装修公司会将订单转包出去，装修公司设计出来的验收节点在加盟工队那里难以执行，工程质量难以有效控制。

要想控制装修质量，装修公司必须组建自己的施工队伍，自己培养施工人员。但如此一来，装修报价每平方米会高出100元，为了控制装修价格，装修公司不得不放弃自有产业工人。但事实上，装修公司要想真正在装修市场立足，必须保证装修质量，为用户提供优质的装修服务。在质量与服务面前，价格是次要的。

◆ 注重数据分析，精确定位用户

互联网与大数据密不可分，自进入互联网时代以来，数据已成为一种非常重要的生产要素，全面渗透到了每一个行业与业务职能领域。

在大数据时代，装修公司可以对消费者信息收集、处理，对消费者购买某种产品的可能性做出预测，并利用这些信息对产品精准定位，制作精准的营销信息以帮助消费者做出购买决策。同时，通过分析数据，装修公司还能掌握用户需求变化，对企业产品及时调整，以满足用户需求。

◆ 注重产品迭代，从质变到量变

世界上不存在完美的产品，装修公司推出的装修套餐更不可能完美，为了吸引消费者消费，装修公司必须注重产品的迭代更新，对套餐配置持续改进。

从内涵上讲，**迭代就是升华、积累、总结，是量变发展到质变再发展到量变的全过程**。经过几次迭代更新，任何事物都能变成新事物。微信是迭代思维的典范，装修公司必须学习这种迭代思维，不断推出新装修套餐，提高装修套餐的性价比，以获得更多用户的喜爱，达成更多交易。

第7章

管理创新：

制定科学完善的战略管理模式

7.1 战略管理：建立企业可持续发展的竞争优势

7.1.1 市场战略：装修企业的 SWOT 分析模型

企业战略强调企业根据自身面临的市场环境、竞争对手、消费群体等诸多因素，并结合自身所掌握的技术、人才等资源而实施差异化竞争策略，从而打造强大的市场竞争力，使自身在较长的一段时间内拥有领先优势，所以企业战略管理在市场竞争愈发激烈的移动互联网时代显得尤为关键。

在新的市场环境下，我国的装修企业亟须进行一场重大的转型升级，打造能够满足新消费时代用户群体需求的企业发展战略。

本章将在结合装修企业内部情况及外部因素的基础上，采用 SWOT 分析模型对装修企业的发展战略进行分析，找到当前市场环境下装修企业的优势与劣势、面临的挑战及机遇，从而为相关从业者提供借鉴经验。

SWOT 分析模型也被称为 SWOT 分析法，它从企业所面临的内外部竞争环境角度，结合其掌握的优质资源，来找到企业所面临的优势（Strengths）、劣势（Weaknesses）、机会（Opportunities）和威胁（Threats），为企业制定更科学合理的战略决策，提供有效的指导与帮助，如图 7-1 所示。

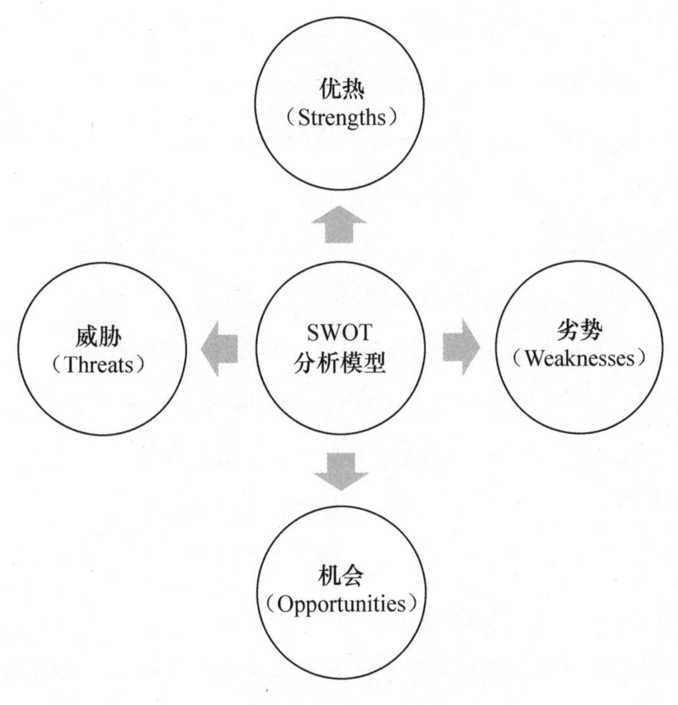

图 7-1　SWOT 分析模型

◆ Strengths：装修企业发展的优势

随着经济的发展与人们生活水平的提高，装修需求呈现爆发式增长，而且人们对装修服务质量的要求也提升到了新的高度。这就对装修企业的专业能力及服务意识提出了极高的要求，产业分工进一步细化，专注于各个装修细分市场的创业公司大量涌现。

我国装修行业市场规模保持稳步增长，2016 年 7 月举行的第三届中国建材家居产业发展大会公布的《2015 年中国建材家居产业发展报告》显示：2015 年我国的装修市场规模达到了 41597 亿元。广阔的市场发展前景也吸引了大量的创业者及企业争相涌入，提升从业人员的专业技能及服务意识，受到了越来越多装修企业的重视。这种优良的发展环境为装修企业深度掘金打下了坚实的基础。

◆ Weaknesses：装修企业发展的劣势

装修企业从业人员文化程度普遍较低，而且很多装修公司对员工专业

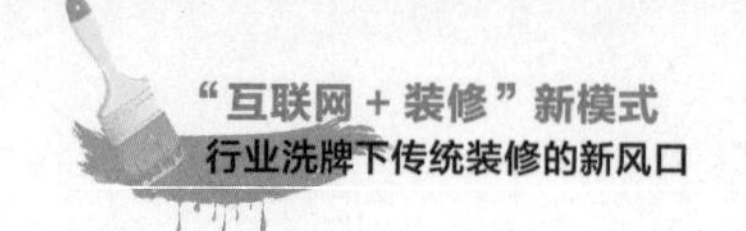

技能及服务意识的培养也缺乏足够的重视，能够根据消费者的个性化需求制定完善的服务解决方案的高级人才也十分匮乏。与此同时，装修企业对于移动互联网时代的新消费需求缺乏清晰的认识，很多装修企业仍在沿用传统的思维模式、组织结构及管理方式等，这对我国装修产业完成互联网化转型带来了极大的阻力。

◆ Opportunities：装修企业发展机会

随着装修需求的迅速增长，装修产业成为社会各界关注的焦点领域，虽然消费需求的升级对装修企业的产品及服务质量提出了更高的要求，但这也是一个重大发展机遇。装修市场规模的不断增长，以装修后市场为代表的装修产业链中的诸多细分市场也爆发出惊人的能量，很多创业企业因此取得巨大成功。

◆ Threats：装修企业发展所面临的挑战

装修企业面临的挑战主要在于，市场内部的同质化竞争及恶性价格战。很多装修企业缺乏创新能力、经营及管理方式落后，在参与市场竞争的过程中，一味地模仿竞争对手，而且为了吸引消费者采用价格战，这使装修行业的盈利空间被大幅压缩，装修企业的运营成本及经营压力大幅增加。此外，装修市场的发展缺乏有效监管，信息化建设相对落后，绿色环保可持续理念缺失等，也给装修企业的发展壮大带来较大阻力。

7.1.2 组织战略：构建企业一体化运营体系

构建企业一体化运营体系如图 7-2 所示。

◆ 企业内部运营专业化

现有的装修产品及服务质量很难充分满足人们日益增长的装修需求，装修企业需要通过加强自身的创造力与专业性，对自身的业务流程不断优化调整。以设计环节为例，装修企业需要组建专业团队，积极借助 AR/VR、大数据、移动互联网等新一代信息技术，在提高产品及服务质量的同时，增强产品的附加值，使自身在激烈的市场竞争中拥有较大的领先优势。

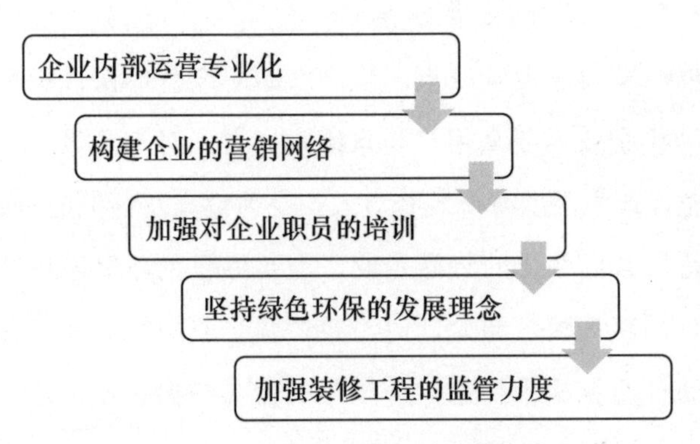

图7-2 构建企业一体化运营体系

为了让消费者的个性化需求得到充分满足，装修企业还应该对自身的产品及服务进一步细分，如在设计风格方面，可以为消费者提供日式、美式及传统中式等风格；在装修服务的分类设计方面，可以为消费者提供普通装修、中档装修及高端装修等。

◆ 构建企业的营销网络

在市场竞争日益激烈的装修市场中，想要赢得消费者的认可及信任，除了提高自身的产品与服务质量外，还应该构建强大的营销网络，并根据消费者的差异化需求开展定制营销。事实上，和单纯的价格战相比，以情感营销、内容营销、体验营销、场景营销等营销手段吸引消费需求往往更具优势。

◆ 加强对企业职员的培训

为了满足不断升级的消费需求以及应对激烈的市场竞争，装修企业需要强大的人才储备，由于目前装修从业者专业水平与整体素质普遍较低，装修企业应该积极组织员工参加培训课程。

为了更好地迎合人们对装修服务更高的情感需求，装修企业需要提高员工的创造力，赋予产品及服务更多艺术感与文化内涵，让人们在繁忙的工作之余缓解压力、放松身心。更关键的是，这能够让装修企业打造强有力的品牌，构建强大的外部竞争力。

◆ 坚持绿色环保的发展理念

随着环境污染问题愈发严重，装修产品的绿色环保性也受到了人们的广泛关注，装修企业需要从用户需求维度出发，对产品设计、材料选择等进行优化调整，最大限度降低装修对人们身体健康及环境的负面影响。

要想打造一家现代化的装修企业，需要将绿色环保可持续的理念上升到企业发展的战略高度。与此同时，要增强企业的文化及品牌建设，在消费者心中打造一个积极承担保护环境等社会责任的企业形象，从而增强企业的市场竞争力与价值创造力。

◆ 加强装修工程的监管力度

第一，为了赢得消费者的认可及信任，装修企业需要根据监管部门及行业协会制定的法规及行业标准进行施工，而不是为了追求控制成本而偷工减料、延长工期等。

第二，装修企业需要打造系统而完善的工程监管机制，对售前、售中及售后环节有效监管，规范员工施工过程，将自身的发展壮大建立在为用户创造价值的基础之上。

第三，装修行业协会应该积极发挥自身的监管作用，引导装修企业遵守法律法规，积极搜集广大消费者及装修企业的建议及意见，制定系统而完善的行业标准，为消费者与装修企业之间的对接搭建多元化的沟通渠道，从而为我国装修行业完成互联网化转型打下坚实的基础。

7.1.3 扩张战略：企业规模化经营发展路径

企业规模化经营发展路径如图 7-3 所示。

◆ 树立科学的发展思路

装修企业制定发展思路，应该建立在对国家相关政策的深入解读、对市场环境的深入分析，以及对消费需求深度挖掘的基础之上。为此，装修企业需要做到以下几点。

第一，在深入分析装修市场环境的基础上，对企业的运营机制进行创新发展，最大限度提高自身的市场竞争力。

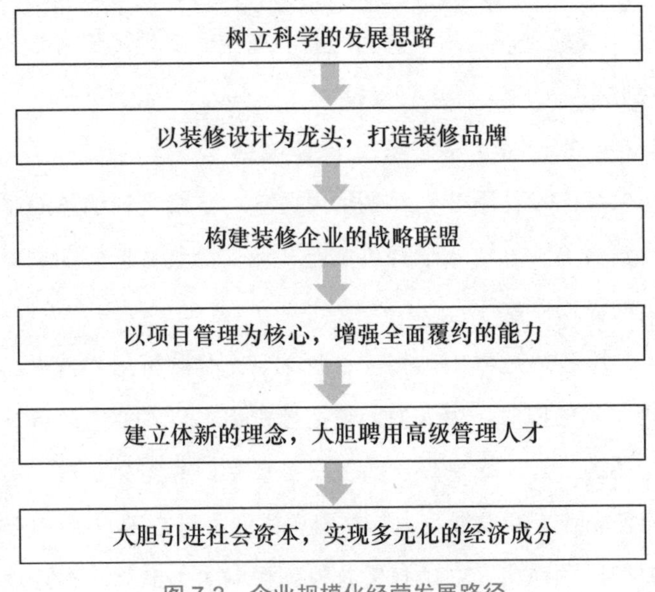

图7-3　企业规模化经营发展路径

第二，为了更快速高效地整合社会资源，企业要对自身的组织结构、业务流程等进行优化调整。

第三，在满足企业长期发展战略需求的基础上，拓展更多的增值服务，从而提高自身的盈利能力。

第四，在组织内部建立科学合理的晋升机制，培养优秀的复合型人才，从而提高组织的外部竞争力。

第五，重视品牌及文化建设，满足广大消费者更高层次的精神需求。

未来装修企业能够完成互联网化转型的关键在于，对传统思维模式、管理及运营方式进行变革，改变单一的传统产业结构，探索更多的细分市场，使企业在溢价能力更高的产业链环节中占据更多的主动权。与此同时，装修企业要充分整合外部资源，通过多方合作深入挖掘目标群体的潜在价值，通过抱团取暖提高市场竞争力与抗风险能力。

在工程承包方面，建筑安装企业往往具有明显竞争优势，但它们关注

的重点通常是结构工程，对装修工程缺乏足够的重视，要想赢得消费者的认可，未来必须做出改变。解决这一问题的关键在于，提高结构工程施工过程中的服务质量，以此拓展自身的业务范围，并为消费者提供完善的整体工程解决方案。

◆ 以装修设计为龙头，打造装饰品牌

在装修领域，设计环节无疑是重中之重，装修设计的核心是实现艺术与技术的深度融合，在给人们提供安全、环保的装修服务的同时，让人们获得精神上的极致体验。

在为用户服务的过程中，装修企业需要充分分析用户需求，在满足人们使用功能需求的同时，为人们创造情感价值，以专业的服务、完善的监管体系、全新的设计理念确保产品及服务质量，并与竞争对手实现差异化竞争，最终使企业不断发展壮大。在同质化竞争日益激烈的产能过剩时代，装修企业要想脱颖而出，必须打造有较强影响力的品牌。在打造品牌的过程中，必须做好以下几点。

第一，制定严格的质量指标，至少要达到行业的平均水平。

第二，对自身的业务流程进行优化调整，确保能够根据用户的个性化需求对产品及服务质量进行充分调整。

第三，引入海内外领先的机械设备，确保产品及服务具有较高的品质。

第四，重视售后服务，施工完成仅是开始，还要进行用户追踪，并为其提供完善的售后服务。

第五，一些项目虽然并没有什么利润，但其社会影响力极强，能够让企业在消费者心中树立良好的形象，所以装修企业要积极参与到这类项目之中。

第六，实时监测质量、工期、安全、环保等各项考核指标，充分确保工程保质保量完成。

为消费者提供一站式装修服务解决方案，成为装修企业发展的一大主流发展趋势，要想在市场中具有更强的竞争优势，装修企业就必须拓展更多的装修配套产业，实现规模化运营。当然，很多专注于垂直领域的装修公司在短时间内并不具备足够的资源拓展配套产业，但它们同样可以和其他企业合作，为消费者提供优质服务。

◆ 构建装修企业的战略联盟

装修企业战略联盟是一种由多个在细分领域内具有一定领先优势的企业组成的战略联盟，它能够通过优势互补，提高成员在市场中的竞争力，并降低其运营成本，提高产品及服务质量。加入到战略联盟中后，企业能够更加合理地配置资源，专注于自己比较擅长的领域，投入更多的时间与精力进行品牌建设、培养优秀人才等，从而有效应对激烈的市场竞争。

装修企业战略联盟通过充分发挥其优质资源，在为消费者带来优质装修服务体验的同时，也能够提高企业的综合实力与价值创造力。战略联盟中的各个成员可以充分学习其他成员的知识、技能、管理经验、运营模式等，在短时间内培养优质的复合型人才。

◆ 以项目管理为核心，增强全面履约的能力

装修工程项目部门是衡量一家装修企业综合实力的重要指标，它会对目标群体制定消费决策和投资方选定投资标的产生重大影响。所以装修企业想要实现持续稳定的发展壮大，必须提高装修工程项目部门的实力。在运营实践中，装修企业要以项目管理为核心，在工程项目部门投入更多的优质资源。

◆ 建立全新的理念，大胆聘用高级管理人才

未来的装修服务将从劳动密集型转向智力密集型，先进的设备将使装修从业人员从繁重的体力劳动中解放出来，探索具有更高溢价能力的增值服务。为此，装修企业需要对自身的发展模式及运营理念充分调整，培养一批了解用户消费需求、洞悉行业发展规律、能够制定一站式服务解决方案的优秀管理人才。

◆ 大胆引进社会资本，实现多元化的经济成分

装修市场的复杂性与多变性决定了企业需要采用灵活的机制体制，通过引入更多的社会资本提高企业的竞争力与抗风险能力。在激烈竞争的年

代，单打独斗的企业很难长期生存，因为企业不但要面对行业内的竞争对手，还必须面对从各个领域跨界而来的行业巨头；不但要和国内装修企业竞争，还必须与在国际市场和有强大影响力的海外装修品牌进行竞争。

如果不能扩大自身规模，整合更多优质的外部资源，当行业内的诸多竞争对手通过抱团取暖构建出强大的市场竞争力后，装修企业的生存空间将会被极大压缩，在获取用户信息、引入先进技术与设备、制定行业标准等方面处于明显劣势，长此以往，企业很容易被淘汰出局。

7.1.4 财务战略：制定科学的资金管理措施

几年来，国内房地产行业的热度不断提高，为建筑装饰行业的发展起到了积极的推动作用。目前，我国建筑装饰行业的发展尚未成熟，未形成精细化管理模式，在财务管理方面也存在很多问题。如今，建筑装饰企业的作业量日渐增加，该领域内的管理者对企业资金管理的关注程度也明显提高。

如果企业的资金管理得当，就能有效降低公司的成本消耗，使企业达到甚至超越预定的绩效目标，与此同时，还能加快内部的资金周转，减少资金浪费，在有效控制成本的同时，推动企业整体运营效率的提高。

另外，在企业总体财务管理体系中，资金管理占据十分重要的地位，企业实施良好的资金管理能够为企业控制成本、管理预算、管理内部等带来积极影响，通过解决资金管理过程中存在的不足，提高建筑装饰企业的财务管理能力。

◆ 装修企业在财务管理中存在的主要问题（图 7-4）

（1）对资金管理缺乏足够的重视

从现阶段的情况来分析，国内大部分建筑装饰企业仍不具备足够的规模实力，整个行业的发展也并不成熟。很多管理者缺乏开阔的眼界与思维，认为自己获取的利润应该根据自己的意愿支配，并不注重企业的资金管理。

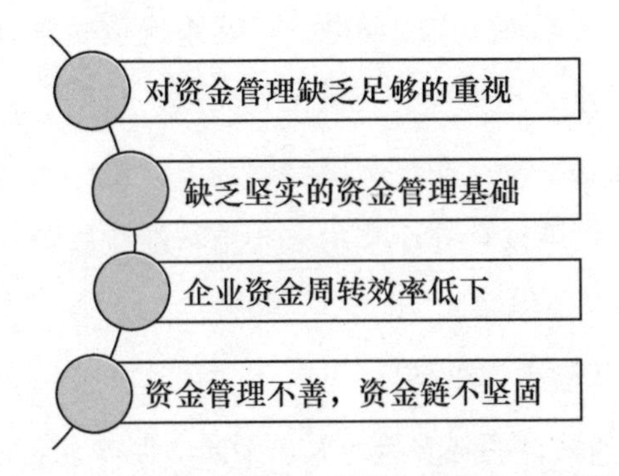

图 7-4　装修企业在财务管理中存在的主要问题

目前，很多建筑装饰企业的管理层人员仍然停留在传统的思维模式下，其管理理念已经不符合时代发展及其企业自身发展的需求，而且还有很多企业的管理者缺乏应有的专业素质。

另外，建筑装饰企业的财务工作者的业务水平普遍较低，固守传统管理方式，难以对相关财务问题进行有效处理。对于在施工现场承担财务调研及监督工作的财务管理者，企业很少指派专业人员，很多人仅在此工作岗位停留一段时间，导致财会工作人员无法从长期工作中积累经验、锻炼能力，只能对日常账目进行分析，而无法胜任专业的资金管理工作。

（2）缺乏坚实的资金管理基础

国内很多建筑装饰企业在实施工程的过程中，缺乏足够的资金支持。之所以出现这种问题，与如下两个因素息息相关。

一方面，垫资工程在一些建筑装饰企业中很常见，而很多企业在资金管理方面存在短板，导致企业各个运营环节的资金链无法有效衔接，增加了企业经营的难度。

另一方面，部分建筑装饰企业为了在价格方面获取优势，一味降低自身成本，导致企业的利润空间不断被压缩，而工程质量也难以得到保证，最终导致企业资金周转困难，无法获得长期而持续性的发展。而建筑装饰企业之所以出现这些问题，原因要归结为企业无法实施有效的资金管理，未在施工过程中采用有效的管理措施。

企业在资金管理方面存在的问题：缺乏系统化的资金管理原则，不能对日常运营进行指导；企业背负大量工程欠款，短期内无法回收，管理者也未采取有效的追款手段；在日常资金管理上，企业的监管力度不够，在资金审批、应用、效果核查等环节均未实施精细化管理，导致企业在资金管理方面难以实现风险控制。

（3）企业资金周转效率低下

建筑装饰行业对资源的耗费量较大，因此，很多企业有赖于原材料的供应。因为很多国内的建筑装饰企业在管理及工艺上存在不足，与国际原材料平均利用率相比，我国还有很大的上升空间，需降低企业的原材料耗费率。

无论是在资金基础、人才配备、技术应用，还是专业化水平方面，国内建筑装饰企业都不及世界领先国家同行业的发展水平，面对激烈的市场竞争，很多企业盲目参与价格竞争，但缺乏核心竞争力。国内的建筑装饰市场上，新工程出现后，便有诸多企业参与竞标，而多数企业仍然通过降价来凸显自身优势，这对企业本身的资金实力提出了较高的要求。不仅如此，企业无法在短期内竣工，而其所有施工环节都需要资金支持，导致企业资金周转效率低，给整体的资金管理造成压力。

（4）资金管理不善，资金链不坚固

面对众多同类企业竞争，为了拿下施工项目，建筑装饰企业通常会进行投标，而这种方式容易导致企业的项目缺乏集中性，进一步增加了企业资金管理的难度。因为很多建筑装饰企业尚未建立完善的资金管理机制，导致这类企业需将不同项目的资金管理任务分隔开来，并交给各个项目的总负责人。部分项目对企业资金的需求量较高，项目负责人手中掌握较大的资金调度权，而企业尚未建立成熟的监督体系，会降低企业运营的安全性。

如今，金融危机带来的影响尚未完全退去，建筑装饰企业需应对瞬息万变的市场环境，与市场上日益增多的同类企业展开激烈比拼。为此，不少企业采用垫资施工的方法，无法缩短工程款回笼周期，导致自身资金周转出现困难，资金链十分脆弱。

◆ 制定科学的资金管理措施（图 7-5）

装修企业资金管理的 4 个措施如图 7-5 所示。

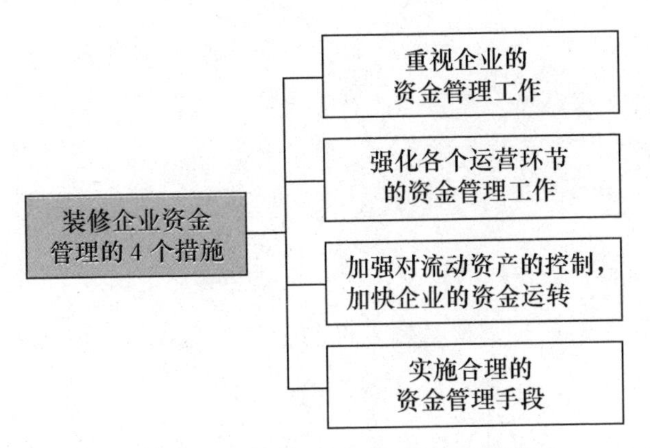

图 7-5　装修企业资金管理的 4 个措施

（1）重视企业的资金管理工作

如今，建筑装饰行业外部的市场环境包含越来越多的变动性元素。为了使自身发展符合时代需求，建筑装饰企业需要突破传统的思维模式，对固有经营管理理念进行创新。企业管理者要将更多的时间与精力投入资金管理方面，在发展过程中形成全面的资金管理机制，为自身的资金管理工作提供制度保障。

另外，企业要对自身的财务管理部门给予足够的重视，适度下放权力，确保财务管理人员能够在业务实践过程中执行企业的资金管理原则。另外，要积极引进财务管理方面的专业人才，对财会工作者系统化培训，不断提高其工作素养及专业能力，围绕企业的资金管理，增强企业的管理能力。

（2）强化各个运营环节的资金管理工作

对国内建筑装饰企业而言，其运营过程中所有环节的资金管理都不应该被忽视。

★ 对于原材料要坚持阳光采购。企业在采购建筑装修材料时，需

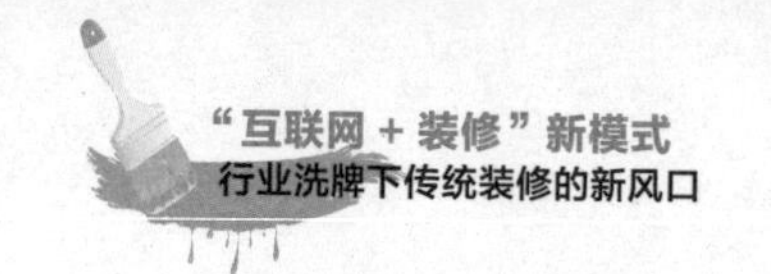

要加强对其所有流程的控制，明确企业资金在采购环节的应用明细，根据先前制定的预算方案实施采购。

★ 项目施工开始之后，建筑装饰企业应该做好工程款回收工作，并及时跟进回收进度，提高企业财务运转的安全性。企业要认识到资金管理的重要性，强化对各个环节的资金管理与控制。

（3）加强对流动资产的控制，加快企业的资金运转

在所有流动资产中，最具代表性的就是资金。为了完善自身的资金管理，建筑装饰企业一定要将流动资产的管控权牢牢掌握在手中，尤其要提高对原材料、低值易耗品的利用率，还要注重存货的管理，避免资源浪费。在存货管理方面，企业要制定合理的进货决策，与优秀的供应商达成长期合作关系，并控制进货数量。

在具体管理过程中，企业可应用 JIT（Just in Time，准时制）生产方式，减少存货环节的资金消耗，避免企业出现流动资金短缺的现象。建筑装饰企业在发展过程中，需实现存货资源的优化利用，避免出现资源浪费问题，帮助企业减少成本消耗，在增强企业竞争实力的同时，强化企业对存货的控制，促进企业做好资金管理工作。

（4）实施合理的资金管理手段

作为建筑行业的组成部分，建筑装饰企业在发展过程中，也体现出建筑行业的共性特征。要做好资金管理工作，建筑装饰企业就要将工程款回收作为一项重要任务来完成。

★ 企业需要对用户的履约能力、可信任度有所把握，并以此为前提开展施工，另外，还要与用户保持紧密的联系，避免企业在回收工程款时遇到阻力。

★建筑装饰企业要注重合同台账的设计，完善合同管理及账目管理，

根据原定计划向签约方催款。另外，企业要恪守本分，避免与签约方之间产生冲突或出现施工违纪现象，为工程款如期收回提供保障。

★除此之外，企业应该设计备查账簿，对建筑工程的质保金进行管理，并将款项催收任务交给专人处理。如果企业存在长期挂账的应收款项，要明确账目时间，并要求账目负责人抓紧时间与合同方协商，做好收款工作，降低企业承担的风险。

很多建筑装饰企业都拥有分公司，并同时承接了多个项目，这些项目缺乏集中性，导致企业资金难以集中。针对这个问题，企业可以通过实施定额归集制度、建立现金池等方式减少资金的分散性。在具体管理过程中，企业可以将超出预算的资金用于投资，提高资金利用率，也能发挥自身的资金调度权，在其他项目资金短缺时灵活调度，提高整体运营效率。

概括来说，国内建筑装饰企业需要在实践过程中寻找合理的资金管理模式，不断积累经验，提高资金管理的专业能力，逐渐凸显企业的竞争优势，更好地应对外部市场环境的变化。如果企业具备了足够的规模，则可实施全面预算管理方案，按照计划进行资金管理，通过资金管理推动自身发展。

7.2　预算管理：装修企业如何有效控制财务风险

7.2.1　超越预算管理：概念特征与主要内容

在装饰企业的成本管理中，预算管理是一项非常重要的内容，它能控制施工项目的成本，也能控制部门预算。现如今，传统的预算方法已难以满足建筑装饰企业的预算管理需求，将财务目标与非财务目标结

合在一起进行管理的超越预算管理模式为这一问题提出了有效的解决方案，它通过科学合理的业绩评级与激励机制刺激员工之间相互竞争、交流，使固定预算的强制性有效减弱，提高了超越预算管理在实践应用中的价值。

自1990年以来，关于预算批评的言论层出不穷。通用集团的前总裁就非常讨厌预算，将预算称为危害美国公司的祸根，认为预算根本不应该存在。财务专家麦克·詹森也曾说："根据预算开展评价、进行奖惩就是付钱让员工说谎，最终会导致报酬计划的激励作用失去原有的效用。"所以，很多国外公司都纷纷放弃了传统的预算管理方法。

现阶段，建筑装饰企业也拥有了一套科学的KPI绩效考核体系，财务指标的定量分析与管理指标的定性分析结合在一起，使传统的只关注财务指标的预算管理体系得以彻底改变。

◆ 超越预算管理的概念与特征

所谓"超越预算管理"是指借助各种预测、绩效管理方法，将预算与绩效评价奖励分开，消除传统预算的种种弊端，构建一个管理流程适应性更强、下放权力、及时应对市场变化、持续创新、密切关注用户需求、持续改进绩效的组织管理体系。具体而言，超越预算管理具备以下两个特征，如图7-6所示。

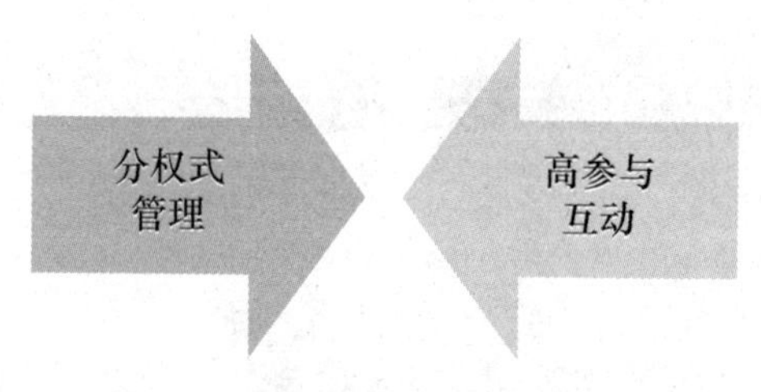

图7-6　超越预算管理的两大特征

（1）分权式管理

超越预算管理模式的主要特征是分权式管理，它要求企业能及时应对市场变化，对用户需求保持密切关注，根据实际情况实时调整绩效考核机制。相较于传统的集权式信息控制模式，分权式管理可以更好地适应市场变化。

建筑装饰行业的市场竞争非常激烈，对预算的准确性提出了更高的要求。在这个竞争激烈的行业中，超越预算管理有更强的适用性。因为超越预算管理能对竞争环境做出准确预判，迅速做出调整，从而抓住先机，在激烈的市场竞争中取胜。

（2）高参与互动

超越预算管理模式倡导各部门、不同员工都参与到预算管理中来，以增强预算管理在实践应用中的效果。在超越预算管理模式下，员工可以利用自身才能对资源进行调配，以达到优化利用资源、完善人员配置的目标。因为在建筑装饰行业中，材料价格、竞争对手的情况在不断变化，各部门员工能实时掌握这些情况。所以引导部门员工参与预算管理，能使预算更加科学、合理，能有效提高资源的利用率，并在此过程中建立科学的绩效评价机制与奖惩措施，激发员工的积极性与创造性。

◆ 超越预算管理的主要内容

建筑装饰企业面临的市场环境不断变化，导致未来收益有很大的不确定性。所以对建筑装饰企业来说，做好超越预算管理非常重要。超越预算管理的KPI指标是一种目标式量化管理指标。该指标能对流程绩效进行有效衡量，将企业的战略目标划分为可运作的远景目标，企业绩效管理系统就是以此为基础构建起来的。

超越预算与抛弃预算是两个不同的概念，具体来说，超越预算包含三方面内容。

第一，集灵活性与动态性于一体的财务预测与计划。借助预测未来一段时间的财务业绩设定目标，对资源优化配置。

第二，在综合指标的基础上建立起来的业绩管理与评价系统。综合业

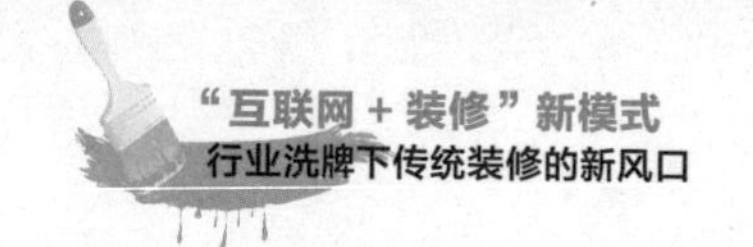

绩评价系统与传统的业绩评价系统不同，它要求企业部门与个人对组织特点进行全面、深入的了解，明确战略中的关键成功要素。

第三，在相对业绩契约基础上建立起来的激励机制。该激励机制使用标杆法奖励相对业绩，改变了传统预算管理以固定预算目标为标准的奖励方法，减少了控制盈利等现象的出现频率。

7.2.2 超越预算管理模式的优势与实施举措

◆ 传统预算管理模式的弊端

（1）资源协调、配置与组织目标功能间的矛盾日渐突出

传统预算要满足两方面的需求：第一，借助计划与预测使组织内部的资源合理分配，使物流与资金流保持平衡，使资源使用成本显著降低；第二，以组织战略为依据构建相应的预算目标体系，借助事中控制与事后激励评价使目标实现。但是传统的预算管理模式不能对环境变化及时做出响应，使资源分配不合理，不能有效应对意外变化与可预期变化，难以实现组织目标功能。

（2）传统预算容易产生"预算余宽"

在制定预算时，股东考虑的是自己的最终利益，经理人考虑的是目标能否顺利完成。一般情况下，为了保证目标能顺利完成，经理人会按照"宽打窄用"的原则制定预算，使预算比实际所用多很多。在这种情况下，员工不会竭尽全力地为目标的实现而努力，只会贡献自己最低水平的能力，不仅会降低预算功能，还会使组织内部的诚信文化受到严重破坏。

（3）传统预算编制费时、耗力

传统预算编制要求全面。全面预算的编制是一项系统工程，其内容包含了业务、财务、资金、信息、人力资源、管理等各个方面的内容。为了编制全面预算，一些跨国企业经常在本年度的第二季度或第三季度就开始编制下一年度的预算，国内一些建筑装饰企业为了做好预算编制工作，也要提前2～3个月开始编制预算。

◆ 超越预算管理措施（图 7–7）

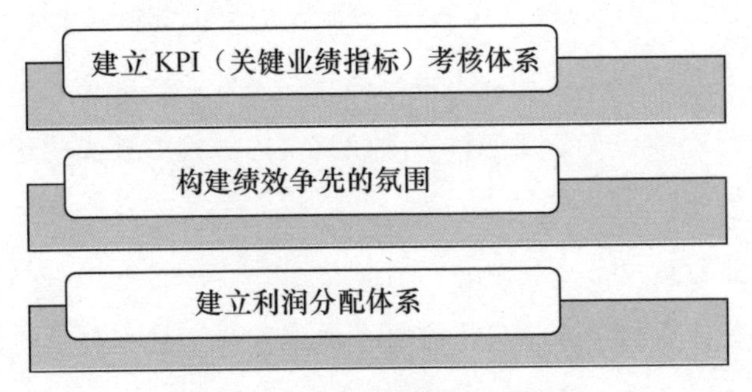

图 7-7 超越预算管理的主要措施

（1）建立 KPI（关键业绩指标）考核体系

KPI 能使部门主管清楚部门责任，在此基础上，部门主管还能明确部门员工的业绩衡量指标。KPI 考核体系的主要作用就是，当与中期目标对应的绩效在实际应用的过程中和预期产生差异时，KPI 会发出警示，提醒管理者正在发生什么情况，在短期内还会发生什么情况，让管理者能及时制定相应的措施予以应对。

KPI 取代预算还能发挥控制作用。实际绩效能通过 KPI 的方式表现出来，KPI 也会对利益相关者进行指导，引导其对结果的满意度进行有效判断。在运营的过程中，建筑装饰企业必须做好约束与规范，同时，约束与规范还需要有效的监管保障。

KPI 考核体系要求所有员工对自己的工作性质、工作任务、工作范围进行全面了解，并以此为依据做出决策，承担责任。同时，员工还要对市场环境变化做出有效判断，以战略成效为导向积极构建经营体系，为员工提供更好的平台，使其才能与能力充分发挥。

（2）构建绩效争先的氛围

在企业内部建立排名机制，树立绩效管理争先意识，以推动员工完成目标。人都是不甘落后的，在排名机制的压力下，所有员工都会努力工作，相互竞争，从而推动绩效得以改进。

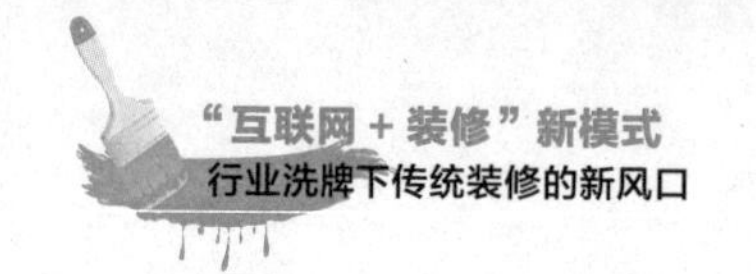

未来，建筑施工企业的预算管理要使用超越预算管理的业绩评价体系，将预算制定、业绩评价分开。其中，预算制定主要负责制订企业的经营计划，业绩考核与评价应交由业绩评价体系负责。另外，企业在考核业绩时要将个人绩效、部门绩效与企业整体业绩统筹考虑，提高员工的团队意识，推动企业整体发展。

（3）建立利润分配体系

利润分配体系的主要作用是以KPI完成情况为依据与员工共享部门企业利润，以激励员工与企业共同成长。利润分享制度鼓励员工通过竞争获得成功，实现个人价值。

超越预算管理模式是一种灵活的预算机制，具有可控制性，能确立科学的奖励评价机制，对员工产生约束、激励作用。对超越预算管理模式来说，员工在实际的工作过程中产生的功效更加重要。而奖励制度也是以合理的绩效考评为基础建立起来的，对员工的内部竞争起到了有效的激励作用，促进员工交流，使企业整体的竞争力有效提升。

7.2.3 装修企业项目施工中存在的成本风险

建筑装饰企用户要从工程项目中获得利润，企业要想加强对项目施工的管理，拓展自身利润空间，就要进行有效的成本控制。施工项目管理涉及多个方面，如工期制定、进度安排、质量检验、安全保障、资源提供等，所有环节都涉及成本控制管理。目前，国内建筑装饰行业的发展时间不长，并不具备足够的规模效应，在管理方面仍然有待完善。

很多企业在质量管理与安全监督方面进行了体系化建设，但在成本控制体系的建设方面仍然存在短板。因此，建筑装饰企业要想提高市场占有率，获得进一步发展，就要在项目工程实施过程中，运用现代成本控制理论，并发挥其对企业行为的指导作用。从这个角度来说，建筑装饰企业应该重视对工程项目成本控制的探索及实践。在这里，对建筑装饰工程项目成本控制包含的费用、存在的问题，以及相对应的成本控制

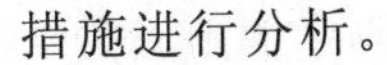

措施进行分析。

◆ 建筑装饰企业费用组成分析

建筑装饰装修所需的费用由如下6个部分构成：人工费用、材料费、主材费、辅助材料费、设计费、税金和管理费。

通常情况下，人工费用在总体工程费用中所占比重接近20%，这些费用包括工人劳动报酬、医疗费用、劳动保护用品费用、交通费用、居住证明办理费用、设备及工具使用费用等，这些统称为工人工资。

材料费在总体工程费用中所占的比重一般为50%～70%，在装饰装修施工过程中，通常会根据施工面积进行费用计算，也可以将单项工程所需的材料费用统计出来。按照国家的统一标准，设计费在总体工程费用中所占的比重为3.5%～5.5%，但在实际装修过程中，设计费所占比重一般只达到2.5%。设计费由方案设计费、施工图纸设计费和工程测量费共同构成。税金是指企业拿下建筑装饰工程项目后，需按照法律规定，履行应有的义务，向国家缴纳一定的费用。

所有建筑装饰企业都要按照规定缴纳相应的税金，否则就会涉及偷税漏税问题，一经查明，企业需受到法律的制裁。政府向装饰施工企业收取的税金有土地使用费、房产税、城市建设维护税、教育附加税、营业税以及所得税。除了所得税之外，其他税收项目都包含在装饰工程费用里由用户承担，如果将工程费用中应缴纳的税金减掉，这五项税金在其中所占比重达到3.41%。

装饰装修企业在管理中产生的费用即为管理费。在工程直接费中，管理费所占比重为5%～10%，具体包括管理人员的劳动报酬、社会保障费用，公司的业务费、办公费、房租，以及日常运营过程中的消耗等。从性质上说，管理费并非是装饰装修过程中直接产生的，也不是特定工程产生的费用，因此企业承接的装饰工程需共同承担管理费。装饰行业不同于其他行业，在项目实施过程中，还需在沟通环节、激励方面消耗一定费用。

◆ 建筑装饰施工项目成本控制存在的问题

如今，工程项目管理受到了政府的重视，并有效推动了建筑装饰企业

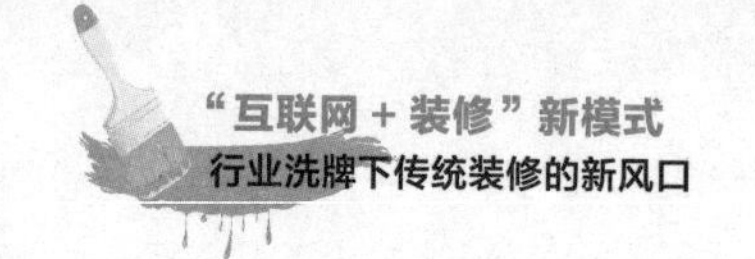

的发展。然而，作为工程管理重要组成部分的项目成本控制，却始终未在实践层面取得显著成效。在政府对建筑装饰行业财会制度做出调整之后，相关企业则根据自身发展需求，开始在实践过程中总结成本控制管理的有效措施，很多建筑装饰企业在这方面取得了一定成就，根据自身的实践经验，探索出控制项目成本的方法。

概括而言，因为国内建筑装饰施工企业在项目管理方面的探索才刚刚开始，企业采用的成本控制方式与实际情况存在许多不相符的地方，而企业也并未打造出系统化的成本控制管理体系，使企业难以根据原定的成本计划实施工程项目，而工程建设定额数据也无法为企业提供有效参考；另外，企业的项目成本控制难以应对实际情况的变化，最终无法获得准确的成本数据；而企业缺乏完整的成本信息，未采用先进的数据分析方法，仅凭一部分原始成本资料，很难得出有效的数据分析结果；企业对提高计算机应用水平缺乏足够的重视，导致整体成本控制技术水平难以提高。

建筑装饰施工企业必须要解决面临的诸多阻力。经过仔细分析可以看出，企业之所以会出现亏损问题，很大程度上是因为企业难以降低成本。除此之外，建筑装饰施工企业对成本管理的重视不够，企业管理者忽视了这个环节的工作，而企业找不到有效的项目成本控制方法是上述问题出现的根本原因。

7.2.4 装修企业如何打造成本控制管理体系

装修企业打造成本控制管理体系有 3 个步骤，如图 7-8 所示。

◆ 综合实现成本控制，注重团队建设

在装修装饰工程中，人工费用占据很大比例，企业要实现成本控制，就要重视团队建设。企业管理者应该根据自身发展情况，对自己有望达到的最低成本进行评估，并以此为企业目标，降低成本消耗，加速整体运转，从各个环节入手，综合实现成本控制。

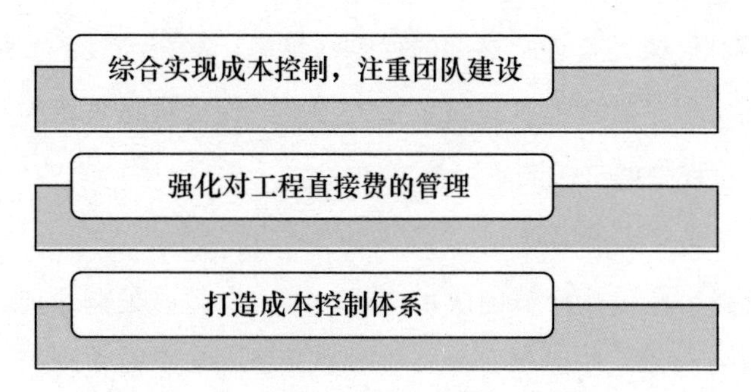

图 7-8　如何打造成本控制管理体系

在具体实施过程中，第一步，依照装修装饰的施工流程需要，在企业内部安排相应的岗位，并明确各个岗位应承担的任务；第二步，依照岗位设置选择相应的人才，并根据各个岗位的需求组织员工接受针对性的培训，确保员工能够胜任其所在的职位，既能按照要求完成自己的工作任务，又能加快工作进度。

除此之外，企业要根据自建工程项目的实施进度，对企业员工的劳动效率、不同工序材料的损耗情况进行有效评估，并对相关数据进行统计与分析。深度处理自身掌握的大量数据资源，以此为前提，分析装饰工程项目所需的人工费用，进而实现建筑装饰企业的整体成本控制。提高对企业团队的管理效益，在运营过程中逐步发现、解决问题，努力降低成本消耗。

◆ 强化对工程直接费的管理

（1）对人工费进行管理

为了强化管理，应该对人工费用支出进行控制，同时采用按实签证的方法。具体措施有如下三种：一是在条件允许的情况下，用其他费用补充人工费；二是在了解工人劳动率的基础上，对施工过程中的人工支出进行控制；三是如果企业的某些用工项目所耗费用超出其预算定额，则需采用按实签证的方法。

（2）对机械消耗支出进行管理

在这个环节，企业需要对项目施工过程中用到的机械数量、运转方式及流程进行优化，在减少机械资源浪费的同时，尽量避免机械设备的损耗。

另外，还要对机械设备进行必要的保养与维修，减少因设备故障导致的成本消耗；制定科学合理的机械设备租赁方案，提高机械资源的利用率，分担企业施工过程中的机械成本消耗。

（3）对材料支出进行管理

企业要减少在采购环节的成本消耗，制定合理的采购计划，与材料供应商进行有效沟通，达成稳定的合作关系。要降低企业在材料方面的费用支出，还要在不耽误项目正常施工的基础上，根据材料的重要性进行类别划分，在库存环节实施有针对性的管理，综合各个环节降低企业的材料支出。

◆ 打造成本控制体系

建筑装饰企业通过打造成本控制体系，能够为项目施工过程中的成本管理提供有效的机制保障，并根据自身的发展需求及项目的实际情况，制订科学有效的施工组织计划。在项目施工过程中，要提前制定完善的施工流程，形成系统化的施工方案，保证整套工序的顺利开展，做好不同施工环节之间的衔接工作，做好提前的准备与计划，严格按照原定计划实施，在高峰期对工作量合理调节。

现阶段下，由于建筑装饰领域的许多项目管理人员缺乏专业素质，企业对成本管理的重视程度不够，难以对施工过程的成本消耗进行有效控制。为了解决这个问题，项目管理者需要根据项目需求，建立专业团队，对项目策划认真地探讨与分析，与用户展开顺利的沟通互动，使最终呈现的项目与用户的期待相符。

另外，建筑装饰企业需要对自己的工程实施拆分处理，对各个分支项目所需的人工费、材料费等进行统计，在此基础上，将成本控制的工作交给各个项目的管理者，与此同时，要为各个项目提供其施工所需的机械资源，并采取有效措施提高资源利用率。除了要在项目控制过程中强化成本管理，企业还应在项目管理过程的始终关注成本控制，并提高管理者对成本控制的重视程度。

近年来，在政府的推动作用下，一方面，建筑装饰行业的规范化程度不断提高，经营者也越来越看重企业的效益，希望通过项目施工取得利润；另一方面，项目成果在很大程度上影响企业绩效，如果企业没有做好成本控制工作，就会导致项目施工的成本消耗超出预期，在项目竣工后，其实际消耗与利润情况才清晰地展现在管理者面前，如果出现损失，企业除了承担之外也别无他法。

为了拓展建筑装饰企业的利润空间，必须实现成本控制，这也是企业不断提高自身价值的有效方法。综上所述，为了使建筑装饰企业获得持续发展，在激烈的市场竞争中脱颖而出，就要在企业内部打造完善的成本控制体系。

7.3　安全质量：装修企业施工现场管理制度与规范

7.3.1　装修企业现场施工的主要原则与途径

现场管理是装饰施工企业的必修课，是企业经营活动的基础，是企业管理工作的重要组成部分。从某方面来说，现场管理的优化水平就是企业的管理水平，展现了施工企业生产经营建设的总水平。所以，装饰施工企业必须做好现场管理，在内抓现场，在外抓市场，借助市场督促现场，利用现场争取市场，并以此为基础对现场管理进行持续优化。那么，装饰施工企业要如何做好现场管理呢？

◆ 现场管理的 3 个基本原则（图 7–9）

（1）经济效益原则

过去的施工现场管理遵循的是生产观与进度观，只看重进度与质量，不注重成本与市场，工程质量较差。装饰施工企业现场管理优化必须克服这种传统的施工观念，降低成本、精品奉献、拓展市场，紧抓细节、搞好生产经营，减少投入、增加产出、杜绝浪费、让开支更加合理。

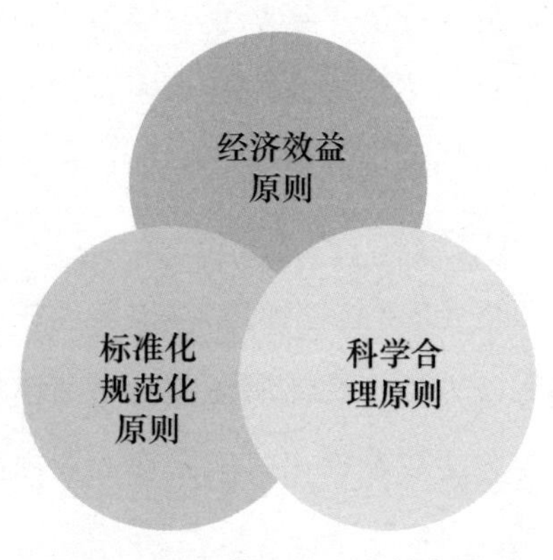

图 7-9　现场管理的 3 个基本原则

（2）科学合理原则

施工现场的各项工作还要遵循科学合理的原则，对施工现场进行科学管理，将现代化大生产落到实处。另外，要保证操作方法与作业流程合规合理，要提高现场资源的利用效率，保证现场定置科学、安全，使员工的才能与智慧充分展现。

（3）标准化规范化原则

施工现场两大基本管理要求就是标准化和规范化，只有做到这两点，施工现场的生产效率、工作效率、管理效益才能切实提升，科学规范的作业秩序才能有效建立。

◆ 现场管理的主要途径

（1）以人为中心提升全体施工人员的素质

管理者要想法设法激发全体员工的积极性、主动性，提高其思想素质与技术水平，充分发挥其主体作用，加强现场管理。

（2）以班组为单位对企业的现场管理组织进行优化

对装饰施工企业来说，现场管理要以班组为保障。班组的活动范围与工作对象都在现场，所以各项现场管理工作都要通过班组来实施，搞好班组建设就能做好现场管理。所以，施工现场管理组织的优化必须以班组为重点。

（3）从技术经济指标切入提升施工现场管理效益

对企业来说，质量与成本是生命之源，是效益之源。在大多数情况下，质优价廉的商品会备受市场欢迎，要生产质优价廉的产品，必须做好现场管理，否则企业将陷入产品质量与成本困境，新市场开拓将面临极大的困难，市场占有率与经济效益都将受到极大的影响。

7.3.2 过程控制：确保施工质量的管理到位

装修施工企业的过程控制体系如图 7-10 所示。

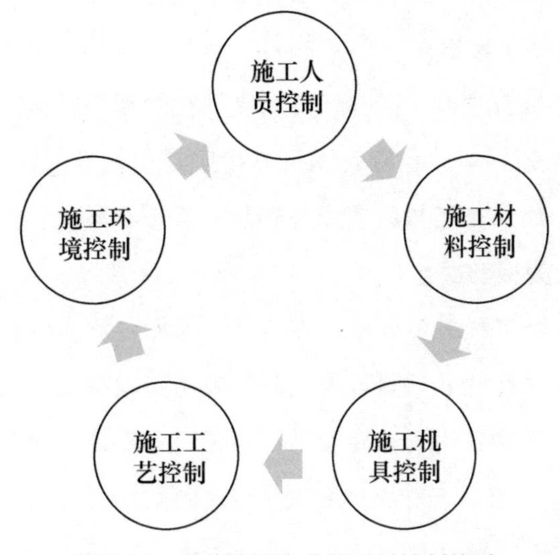

图 7-10 装修施工企业的过程控制体系

◆ 施工人员控制

施工人员要接受项目经理的统一指挥，参照岗位标准开展工作，工程部要不定期地考察项目管理人员的状态，将考察结果记录在册，存入工程档案。各岗位要根据性质对其进行量化，将其划分为多个小型的考评项目。项目部要根据考评结果评估管理人员，根据评估结果对管理人员进行奖罚。所有施工班组都要接受考核，考核内容包括施工工艺、安全技术操作等，如果考核结果不及格，企业不能予以录用。

◆ 施工材料控制

装饰材料具有种类多、质量与档次差别大等特点，再加上装饰材料深受用户关注，所以施工材料控制难度比较大。做好施工材料控制，首先，在材料进场之前先报验，将与用户协商一致的材料样品一式两份分别交由项目组与用户保存。材料进场之后，要以样品及其检测报告为依据再次检验，检验合格之后，材料才能使用。

其次，采购人员要按照材料的检查验收手续采购材料，保证材料采购一次合格。为了做好施工材料管理，公司要将材料检查方法与检验标准进行整理，将其编撰成册，采购员、质检员、施工员要按照同一标准衡量材料质量，保证其质量合格。

再次，进场材料要根据限额领料制度进行管理，领材料的时候要由施工人员签发限额领料单，仓库管理员要按照订单发货，以保证材料质量，控制材料成本。如果施工材料属于易碎品与贵重物品，管理人员要对其单独放置，减少人为搬动次数。

最后，如果施工材料不合格，不能及时退库，就要对其单独放置，并将"不合格"字样标注在明显位置，防止发生错发错拿现象。如果施工现场剩余的边角料不能使用，就要及时退回公司仓库，以便其他工程能对其充分利用。

◆ 施工机具控制

仓库管理人员要对施工机具分类存放，实行领用登记制度，根据谁领用、谁保管、谁负责的原则妥善管理，领用工具时操作人员要向仓库管理员说明使用目的，仓库管理人员要根据使用目的发放机具，保证机具的使用寿命。

对于手用工具，如打玻璃胶的工具、贴防火板的工具等，项目部要按照不同的工种列出工具明细，入场之前要对各工种自备的工具进行检查，检查内容包括工具是否齐全、工具的保养情况等。

◆ 施工工艺控制

对工程质量来说，施工工艺对其有非常重要的影响，好的施工工艺能

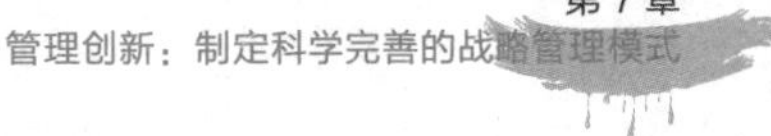

让施工效果事半功倍。为了提高施工工艺水平，对于不太成熟的工艺，公司要安排专业人士进行试验；对于成熟的工艺，公司要编写专业的指导书，将其下发给各施工项目的主管。在施工现场，施工管理人员要根据指导书以书面的形式与施工人员进行交底，交底内容主要包括施工工具、材料准备、施工技术要点、施工质量要求、施工检查方法、施工常见问题及预防措施，让班组长签字接收。

◆ 施工环境控制

施工环境对装饰工程，尤其是油漆工程有很大的影响。在油漆施工的过程中，为了保证工程质量，施工现场的天气必须晴朗，没有灰尘。为此，施工管理人员要合理安排工序，避免施工污染，并保证各工序所需环境符合要求，如室温要求、空气清洁要求等。

在施工工序安排方面，要先安排一般结构施工，再安排饰面施工；先安排头顶施工，再安排头顶以下部位施工；先安排隐蔽工程施工，再安排包封工程施工；先安排水电管线施工，再安排灯具、插座、开关、五金配件、洁具等部位的安装施工；易受污染、贵重材料、保养困难的工作要放在最后完成。

如果施工期安排在冬季，室温不符合要求，就要采取一定的保温升温措施，并做好防火工作。

7.3.3 施工检查：施工现场的安全预防措施

◆ 做好自检、互检工作，提升施工人员的质量意识

各项工序完成之后，班组长要组织班组人员做好工序的自检、互检工作，如果在自检的过程中发现问题，班组要及时处理并按要求填写自检记录，待问题确实修正之后再交由质检员验收。

◆ 认真开展交接检活动

在上道工序完成后，下道工序开始前，质检员要组织这两道工序的班组长开展交接检工作，上道工序的检查工作交由下道工序的班组长负责，如果上道工序中存在影响本工序质量的问题，班组长要及时提出意见，做

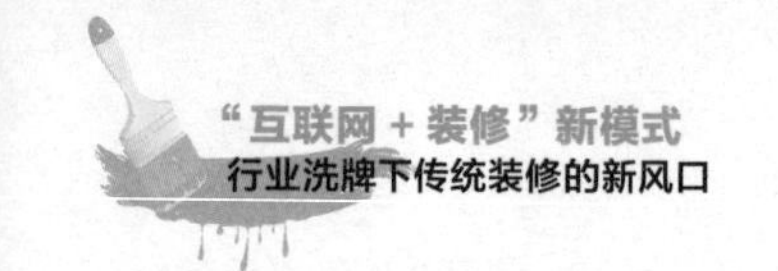

好交接检记录。质检员要根据意见督促上道工序的施工人员进行修正，修正完成之后下道工序才能开始施工。通过这种方法能有效增强施工人员的质量意识与责任感，让施工人员自己把好质量关，消除不合格品。

◆ 专职检查、分清责任

以班组自检为基础，质检员要对各施工工序进行检查，严格要求，对于不合格的工序要及时处理。在检查的过程中，对于不合格的施工工序要明确原因，是人工操作不当，还是施工材料或方法不当。在弄清楚原因之后，对于反复出现的问题要及时采取整改措施与预防措施，防止这类问题再次发生。如果不合格的原因是工人操作不当，就要根据情节的严重程度采取一定的处罚措施对施工人员进行处罚，并向其说明处罚理由。

◆ 定期总结，召开质量分析会

项目部要定期对施工过程中发现的问题进行总结，召开质量分析会，组织各级管理人员对问题进行分析、总结。对于特殊的施工项目，项目部要制定纠正、预防措施，并对其贯彻实施，让各施工管理人员一边解决问题，一边提高水平。

装修企业在工程施工过程中，务必确保以下几个目标：

（1）将施工过程中的浪费现象消除殆尽，科学地组织施工，以切实提高生产经营的效率与效益；

（2）降低物资消耗与能源消耗，减少物料库存和资金占用，降低施工成本；

（3）对现场作业进行优化、协调，将其综合管理效益发挥出来，对施工现场投入进行有效控制，以最小的投入获得最大的产出；

（4）安全生产、文明施工、保证工程质量。

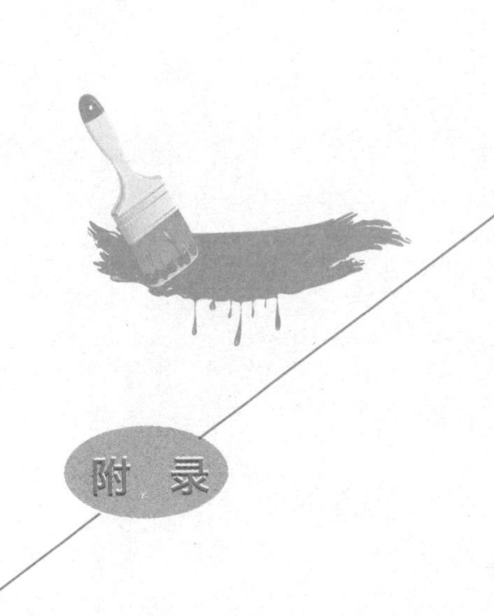

附录

公装细分领域黑马百办快装的“互联网＋装修”的实战应用探索

◎ 百办快装：互联网装修行业领导者

百办快装品牌是百办好网络科技（上海）有限公司旗下的致力为中小型企业解决公司注册难、装修烦、家具费钱等一系列问题的“互联网 +”时代的综合服务商。

百办快装通过对传统办公室装修行业的颠覆整合，解决用户痛点，利用“互联网 +”时代下的新型链接方式，以“一线厂家直供 F2C+O2O+VIP 的模式，去中间化，线上订单下线体验，一次装修终身服务，让一切变得更透明，真正让利给用户”为经营理念，让办公室装修更省时、省力、省心、省钱，提供办公室装修和办公家具服务。

百办快装由国外引进工业 4.0 快装技术，在装修领域独家研发出办公室快速装修技术，从毛坯到精装仅需 10 天即可拎包入驻办公。精选一线品牌建材，严格质量保障，完全符合国家环保和防火安全标准，10 年保修放心无忧。承诺装修延期 1 天赔偿 1 万元，一站式专业解决用户办公室装修烦恼，用科学高效的方式让每一位装修用户在短时间内入驻，舒心办公。这种全新的一站式装修服务模式将使广大中小企用户节省时间，提高效率，节省费用，有效地提升市场核心竞争力。

百办快装因为独特的经营理念，吸引了1000万元的投资。为了更好地服务中小型初创公司，让利给用户。提供金融服务，将通过返利形式更好地扶持中小型企业，先期百办快装将在上海、苏州、北京、青岛4个城市开展服务，未来将覆盖多数一二线城市。

通过长时间的内部测试，百办快装以零利润的方式推出了一款标准化的装修产品和一款标准化的办公家具产品，同时也提供个性定制服务，为装修用户免费提供办公室所需要的办公用品、绿植、配饰、空间环境等办公室相关的全品类商品，以体现“我的办公室我做主”的企业文化。

在“互联网 +”时代，百办快装致力于为中小企业提供一体化服务，将来通过平台为中小企业解决公司注册、代理记账、办公室租赁、办公室装修、办公家具、办公用品、企业融资等一体多元化的服务，为中小企业解决创业时碰到的问题。

随着“互联网 +”时代的到来，百办快装根据市场调研设计了独特的经营模式，设计以用户为中心的产品，结合公司的优势，打造真正的互联网办公装修产品，给用户带来可信、可行、可靠、可用的互动体验。

百办快装：引领互联网装修模式创新

百办快装是由装修行业具有十余年从业经历的3位资深人士于2015年共同创办的，3位创始人原本在业内领域（高端豪宅设计、装修、公装）各有所成，但面对混乱的装修市场，共同的价值观、强烈的使命感、坚定不移地促进行业变革的信念将他们紧密地联系在一起。对产品的研发、模式的打造、商业系统的建立一次次地精益求精、追求卓越，使百快快装一跃发展成为中国第一家互联网公装公司。

作为第一家做装修细分领域办公室互联网快装的公司，秉持将办公装修设计标准化、价格透明化、时间最短化、服务标准化、健康环保承诺化的理念，百办快装即将开启中国办公快装领域新风口。

（1）将产品价值塑造到无可拒绝

2015年推出"299元/m²"的颠覆性产品百办快装系列，随后推出"139元/m²"系列家具产品，以及独创互联快装的产品模式，独家实现"10天拎包办公"的快装服务，真正实现百办快装的产品理念变革。

（2）金融模式开启、助力腾飞

2016年12月23日登陆深圳股权交易中心挂牌股权代码（668871）。

（3）创新引领风口

2016年，获得业内"装企最佳商业模式奖""互联网＋装修实战派"两项大奖。

（4）超级流量获客系统

BAT前职业经理人团队加盟，线上、线下多渠道，百万流量入口，造就价值变现。

（5）独家研发快装系统

利用互联网大数据做到设计图纸和模块化装修材料工厂同步进行，开启10天快装技术新篇章。

（6）商业模式的完美雕琢

商业模式的3个层面：产品、系统、股权。

产品：价值无可拒绝。

系统：建立闭环，打造系统生态圈。

股权：登陆资本市场，角逐未来利益。

◆ 企业文化

（1）百办理念：极致的设计，极致的价格，极致的时间，极致的工艺，极致的服务。

（2）百办宗旨：以质量创品牌，以品牌促发展。

（3）百办使命：着眼于解决用户实际问题，提供有竞争力的装修服务，持续为用户创造最大价值。

（4）百办愿景：成为中国最大的、最专业的、速度最快的办公室装修集成服务商。

（5）百办价值观：所有用户都是合伙人。

◎ 百办快装面向全国招募城市创始人

集约式装修 + 定制化精装时代的来临，中小型装企兄弟们，你还看得见未来吗？

爱空间的产业工人模式、齐家的设计师派单模式，还有大型公装公司利用互联网装修以零利润的整装产品为入口，获得大量现金流支持，装修行业的老板们未来还能做什么？难道可以颠覆有资本助力的不需要赚装修差价的各大平台吗？就算你能利用自己的资源找到几个订单，但那时连设计师和工人都不见了，因为他们在互联网助力平台模式下变成了老板。

地产服务类公司深化产业链，前端房产、后端物业 + 装修，打造闭环！

互联网装修在国内市场早就已经开始生根发芽，围绕互联网装修市场的暗战也早已悄然打响，不管是巨头还是传统的装修公司都纷纷涌向了这个巨大的装修 O2O 市场，你还在苟延残喘吗？

假如你现在的装修公司做得很好，可是随着市场的混乱及竞争的激烈，你仅有的优势也被一点点蚕食，你想不想找到一款拳头产品增加盈利点？

假如你现在的装修公司经营一般或负债经营，你想不想再找到一款尖刀产品撕开一条口子，突出重围再创辉煌？

假如利用你现在的装修公司资源，在不增加任何成本的前提下，就能拓展新的领域，为你带来翻倍甚至数倍的利润增长，难道你不想要？

假如有一个模式可以在互联网装修风口已过时、在你垂死挣扎时依然可以为你带来新的蓝海市场，那你还在等什么？

2017 年“城市创始人计划”，提升用户实体交互体验，搭建以硬装、软装和智能生活为首的办公室生态圈，期待城市创始人的加入，与百办快

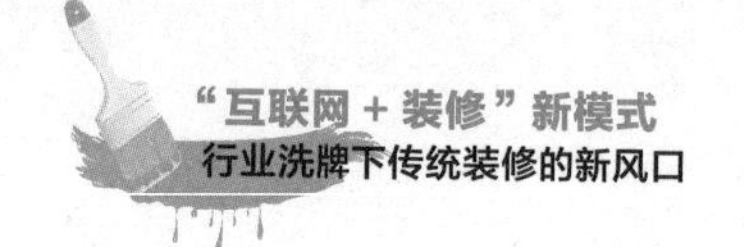

装一起创业，实现变革。和百办快装共同航行在互联网办公装修的蓝海；我们将竭尽全力为您提供最优质的服务，让您享受上市公司股权（代码668871）分红权，让您成为当地城市的办公快装的NO.1，让您由实业家变成金融家，让您的装修生意不再难做……

◆ 4家城市创始人合作伙伴

百办快装2015年11月通过市场的测试开始在上海、北京、苏州、青岛同时上线运营，并且多个城市正在筹备中……

（1）总部供应链共享、1000+国际一线品牌合作商、独家研发互联快装技术

百办有强大的供应链体系和严格的选材标准，选用材料以健康环保为基础标准，精选国内外一线品牌，采用C2M集采模式，拿到最低供货价，省去中间经销商环节；同时，独家研发的互联快装技术让用户可享受最快的时间提高使用效率和最大的价格优惠及质量保证。

（2）渠道重点引流5S店：极致的设计，极致的价格，极致的时间，极致的工艺，极致的服务

百办快装官网、APP、公众号全网营销，新媒体广告多渠道引流5S店，用户在网上获取百办快装5S店信息后，可直接预约体验和装修咨询。百办快装总部根据实际情况帮助用户制定投放方案，根据当地人气商圈、商务楼宇、交通分布以及楼宇分布因素进行线下广告投放；百办快装统一提供投放推广素材和物料。

（3）专业团队指导

针对城市创始人，百办快装将从施工验收、线上线下推广、营销策划、门店经营管理等方面全方位提供专业培训和指导，以保障其快速成长，树立品牌形象，提升门店销售业绩。

◆ 百办快装城市创始人的条件

（1）团队：团队健全（总经理、设计师、工程部经理必备的、运营装修公司最少2年以上的企业），推崇人文，管理秉持职业精神，具备向上的

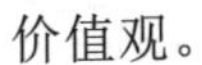
价值观。

（2）理念：具有金融家思维，强烈的品牌经营意识，用心超越用户预期。

（3）资源：在装修或家具行业或建材行业深耕多年，具备一定销售资源与人脉资源。

（4）实力：强大的资源自筹能力，支撑企业持续发展。

◆ 百办快装城市创始人计划加盟方式

（1）通过初步筛选的意向加盟商总经理到百办快装总部了解考察。

（2）运营总监须经百办快装市场发展部考核和面试，考核和面试通过方可合作。

（3）团队核心人员考核完成后，最后对理念、资源、团队、实力、运营思路进行开放式沟通。

（4）百办快装赴承运商城市实地考察，根据考察情况评估合作是否可行，进入签约阶段。

（5）百办快装总部参与制定团队股权和薪资制度。

（6）签订加盟合同。